科学出版社“十三五”普通高等教育本科规划教材

“信息与计算科学”专业综合改革试点项目丛书

复变函数论

张太忠 编著

王 朝 成亚萍 王琛颖 刘红爱 丁 建 成 荣 参编

科学出版社

北 京

内 容 简 介

本书系统介绍了复变函数的基本理论，包括复数的运算、复变函数的概念、解析函数的概念、解析函数的柯西积分理论、魏尔斯特拉斯级数理论、黎曼共形映射理论以及解析函数空间的有趣介绍等内容，阐述了基本的复分析思想方法，适合于从事国际热门的解析函数空间上函数理论研究和算子理论研究的研究生在本科阶段的基本素养的培养。由于函数空间理论密切联系于工科电子通信类学科的信息处理与信号处理研究，故而也适合于电子通信类学科的面上公共课“复变函数”课程的教学。

本书通俗易懂、语言精炼、便于自学与查阅。可作为高等院校数学类专业、大气科学类专业、电子通信类专业等本科生教材,也可供相关领域科技人员参考。

图书在版编目(CIP)数据

复变函数论/张太忠编著. —北京：科学出版社, 2016.3
ISBN 978-7-03-047780-4

Ⅰ. ①复…　Ⅱ. ①张…　Ⅲ. ①复变函数　Ⅳ. ①O174.5

中国版本图书馆 CIP 数据核字(2016) 第 054353 号

责任编辑：黄　海　于盼盼　许　蕾／责任校对：姜　萍
责任印制：张　伟／封面设计：许　瑞

科学出版社出版
北京东黄城根北街 16 号
邮政编码：100717
http://www.sciencep.com
北京凌奇印刷有限责任公司印刷
科学出版社发行　各地新华书店经销
*
2016 年 3 月第　一　版　开本: 787 × 1092　1/16
2025 年 7 月第十一次印刷　印张: 8
字数: 200 000
定价: 35.00 元
(如有印装质量问题，我社负责调换)

《“信息与计算科学”专业综合改革试点项目丛书》

编　委　会

前　　言

复变函数论的研究从复数开始至今已有四百多年的历史. 16 世纪, Cardan 解三次方程时, 产生了负数开平方的思想. 17 世纪, 实现了从实数域到复数域的过渡及复数与平面向量的对应. 18 世纪, Euler 系统建立了复数理论. 19 世纪至 20 世纪初, 系统形成了以魏尔斯特拉斯（Weierstrass）级数理论、柯西积分理论、黎曼共形映射理论为主体的强有力的学科. 从 20 世纪 20 年代至今, 复变函数论得到了长足的发展, 进一步形成了拟共形映射、黎曼曲面、泰希米勒空间、复动力系统、亚纯函数值分布、复域上微分方程、离散群几何、单叶函数、奇异积分与边值问题、解析函数空间与算子理论、位势理论、多复变函数论、复流形等十多个近现代研究分支, 此外复变函数论还可以在应用性学科如电子通信、信号处理、弹性力学、大气雷电等方面有广泛的应用.

本科的复变函数论以柯西、黎曼和魏尔斯特拉斯的理论为主体进行教学活动. 复变函数的图像必须取在两个复平面上, 画图复杂, 故而复变函数论的教学必须既要有其分析的特征, 还要有几何可视化的特征, 更要有面向未来新学科趋势 —— 几何函数论对函数空间的应用的特征. 北大庄圻泰教授的《复变函数》, 内容全面, 系统完整, 刻画严谨, 但其过于广博的内容与现代较少的教学学时不适应. 北大李忠教授的《复变函数》, 内容精练有趣, 很有启发性. 钟玉泉的《复变函数论》内容通俗、讲解详尽, 受到普遍的欢迎, 但是语言繁琐, 几何函数论定理不够突出, 不能满足现代课程学时少且必须面向现代化研究的教学要求. 作者在工科大学长期从事复变函数论的教学与研究工作, 因此写作本书的目的就是在作者及其工作团队的努力下寻求完成一本既能体现主要的复分析思想方法, 特别是几何函数论精练清楚, 又表述清晰易懂, 同时面向现代化的后续研究特别是侧重于解析函数空间及其对信号处理的应用的复变函数论的教材, 以造福广大学生和相关工程科技人员. 本书除了供数学类的本科生使用以外, 还可以供大气科学类、电子通信类专业的本科生使用.

本书第一章介绍了复数与复平面；第二章介绍了复变函数与解析函数, 包括应用柯西-黎曼条件方法对复变函数的解析性的判定、初等单值解析函数、初等多值解析函数；第三章介绍了柯西积分定理和柯西积分公式及其应用, 包括复积分的定义和计算, 单连通和多连通区域的柯西积分定理、柯西积分公式、高阶导数公式、柯西不等式、刘维尔定理、判断函数解析性的摩勒拉定理、最大模原理, 作为最大模原理的应用证明了后来影响深远的许瓦茨引理, 还介绍了调和函数与解析函数的关系；第四章在解析函数项级数理论的基础上介绍了解析函数的泰勒展开式和唯一性定理；第五章介绍了解析函数的洛朗展开式以及孤立奇点的分类与判定；第六章介绍了留数定理、留数对实积分计算的应用、著名的辐角原理和鲁歇定理、Huiwitz 定理等; 第七章介绍了共形映射的概念, 系统介绍了最常见和最常用的共形映射 —— 分式线性映射的特征, 不加证明地给出了单复变函数论中最重要的定理 —— 黎曼映射定理, 作为共形映射的应用给出了许瓦茨引理的一个改进形式 —— 许瓦茨–皮克引理, 还介绍了国际上新近得到的边界上的许瓦茨引理; 第八章介绍了在复分析研究中强有力的研究工具 Blaschke 乘积; 作为第七章和第八章的应用, 第九章介绍了两个十分有趣又十分活跃的解析函数空间 (解析函数空间又叫全纯函数空间): Bloch 空间和 Dirichlet 空间, 作为全纯函数空间的入门, 先学习作为 Möbius 不变函数空间的 Bloch 空间和既是 Möbius 不变空间又是再生核空间的 Dirichlet 空间是十分有益的.

作者衷心感谢南京信息工程大学副校长周伟灿教授、数学与统计学院院长蒋勇教授和教务处特别是教材科的领导对本书出版的大力支持. 科学出版社的于盼盼女士和黄海先生等先后策划并促成了本书在科学出版社的出版. 本书责任编辑许蕾女士对本书的书稿作了精心的编辑加工, 纠正了作者的一些疏忽, 使得拙著更加完善. 在这里, 作者对他 (她) 们表示诚挚的感谢!

作者深知自己的水平有限, 书中定有一些疏漏与不当之处, 诚恳欢迎使用本书的教师与学生提出批评与指正.

张太忠

2016 年 3 月

目　　录

第 1 章　复数与复平面

1.1　复数的定义与四则运算

定义 1.1　形如 $z=x+iy$ 的数叫复数, 其中 x、y 为实数, $i=\sqrt{-1}$ 为虚根单位. x 称为复数的实部, 记作 $\mathrm{Re}z$, y 称为复数的虚部, 记作 $\mathrm{Im}z$. 特别地, 当 $y=0$ 时 $z=x$ 为实数; 当 $y\neq 0$ 时, $z=x+iy$ 称为虚数, $z=iy$ 称为纯虚数.

定义 1.2　设 $z_j=x_j+iy_j\ (j=1,2)$. 若 $x_1=x_2$ 且 $y_1=y_2$, 则称 z_1 与 z_2 相等, 记为 $z_1=z_2$.

对于两个复数的加减乘除四则运算定义如下:

定义 1.3　设 $z_j=x_j+iy_j\ (j=1,2)$. 规定:

(1) $z_1+z_2=(x_1+x_2)+i\,(y_1+y_2)$,

(2) $-z=-x-iy$,

(3) $z_1-z_2=(x_1-x_2)+i\,(y_1-y_2)$,

(4) $z_1z_2=(x_1x_2-y_1y_2)+i\,(x_1y_2+x_2y_1)$,

(5) 当 $z_2\neq 0$ 时, 可以定义除法运算:

$$\frac{z_1}{z_2}=\frac{x_1x_2+y_1y_2}{x_2^2+y_2^2}+i\frac{x_2y_1-x_1y_2}{x_2^2+y_2^2}.$$

减法可以作为加法的逆运算, $z_1-z_2=\tau$ 当且仅当 $z_1=z_2+\tau$, 因而 (3) 可由 (1) 根据定义 1.2 推出. 除法可以作为乘法的逆运算, $\dfrac{z_1}{z_2}=\zeta$ 当且仅当 $z_1=z_2\zeta$, 因而 (5) 可由 (4) 根据定义 1.2 推出. 对于除法运算, 在本节还有一个利用共轭运算计算的简便方法, 具体的除法计算一般都使用此简便方法.

由定义 1.2, 定义 1.3 易于验证复数的加法满足交换律、结合律, 复数乘法满足交换律、结合律, 以及乘法对加法的左、右分配律. 所有有穷复数构成的复数集在上述加法、乘法运算下满足代数学中域的条件, 因而构成复数域, 记为 C. 在复数域中, 复数不可以比较大小, 原因是复数域不是有序域, 严格的证明见代数学专著. 读者可以举例得出矛盾, 复数集中单纯的顺序关系可以存在, 这种顺序关系在运算中不再保持, 故复数域中不可比较大小.

定义 1.4　设 $z=x+iy$, 则称非负实数 $|z|=\sqrt{x^2+y^2}$ 为复数 z 的模. 显然, $z=0$ 当且仅当 $|z|=0$. 还有下述不等式成立:

$$|x|\leqslant|z|\leqslant|x|+|y|,\quad |y|\leqslant|z|\leqslant|x|+|y|.$$

模有穷, 即满足 $|z|<+\infty$ 的复数 z, 叫做有穷复数, 因而复数域可以写成:$C=\{z|\ \ |z|<+\infty\}$. 又规定 $z=\infty$ 当且仅当 $|z|=+\infty$, 显然 $\infty\notin C$.

定义 1.5　设 $z=x+iy$, 则称 $\bar{z}=x-iy$ 为 z 的共轭复数. 显然 z 与 $\bar{z}$ 互相为共轭复数.

易于验证共轭运算有以下性质:

$$\overline{z_1\pm z_2}=\bar{z}_1\pm\bar{z}_2,\quad \overline{z_1z_2}=\bar{z}_1\bar{z}_2,$$

$$\overline{\left(\frac{z_1}{z_2}\right)}=\frac{\bar{z}_1}{\bar{z}_2},\quad |z|^2=z\bar{z},$$

$$\mathrm{Re}z=\frac{z+\bar{z}}{2},\quad \mathrm{Im}z=\frac{z-\bar{z}}{2i}.$$

利用共轭运算可以给出复数除法的一个简便计算方法:

$$\zeta=\frac{z_1}{z_2}=\frac{z_1\bar{z}_2}{z_2\bar{z}_2}=\frac{z_1\bar{z}_2}{|z_2|^2}=\frac{x_1x_2+y_1y_2}{x_2^2+y_2^2}+i\frac{x_2y_1-x_1y_2}{x_2^2+y_2^2}.$$

上述方法把除法化为乘法, 而乘法运算只要利用分配律计算即可, 具体计算中好用好记, 十分方便.

定理 1.1　$|z_1z_2|=|z_1|\,|z_2|$.

证明　$|z_1z_2|^2=(z_1z_2)\overline{(z_1z_2)}=(z_1\bar{z}_1)(z_2\bar{z}_2)=|z_1|^2|z_2|^2$.

显然, $|z_1\bar{z}_2|=|z_1|\,|z_2|$. 证毕.

定理 1.2　$\big||z_1|-|z_2|\big|\leqslant|z_1\pm z_2|\leqslant|z_1|+|z_2|$(称为三角不等式).

证明

$$\begin{aligned}|z_1+z_2|^2&=(z_1+z_2)\overline{(z_1+z_2)}\\&=z_1\bar{z}_1+(z_1\bar{z}_2+\bar{z}_1z_2)+z_2\bar{z}_2\\&=|z_1|^2+2\mathrm{Re}(z_1\bar{z}_2)+|z_2|^2\\&\leqslant|z_1|^2+2|z_1\bar{z}_2|+|z_2|^2\\&=(|z_1|+|z_2|)^2,\end{aligned}$$

从不等式 $|z_1|=|(z_1+z_2)+(-z_2)|\leqslant|z_1+z_2|+|z_2|$, 立即有 $|z_1|-|z_2|\leqslant|z_1+z_2|$, 对调 z_1、z_2 位置有 $|z_2|-|z_1|\leqslant|z_1+z_2|$. 证毕.

归纳可证:$|z_1+z_2+\cdots+z_n|\leqslant|z_1|+|z_2|+\cdots+|z_n|$.

1.2　复数的表示

复数 $z=x+iy$ 为代数表示, 还有三角表示、指数表示, 几何上可以表示为复平面上的点和矢量以及黎曼球面上的点.

取建立笛卡儿直角坐标系 Oxy 平面, 将复数 $z = x + iy$ 与点 $P(x, y)$ 一一对应, 实数 x 与 x 轴上点 $(x, 0)$ 一一对应 (因而 x 轴称为实轴), 纯虚数 iy 与 y 轴上点 $(0, y)$ 一一对应 (因而 y 轴称为虚轴), 将建立这样对应关系的 Oxy 平面称为复平面, 仍记为 C. 今后, 复数 z 和复平面 C 上的点 z 不加区分.

对于复平面上复数 $z = x + iy$, 还可以建立与矢量 $\overrightarrow{OP}$ 的一一对应, 其中 O 为原点, P 即 $P(x, y)$. 从而复数的加减运算对应于矢量的加减运算, 参见图 1.1,

$$|z_2 - z_1| = \left|\overrightarrow{OP}_2 - \overrightarrow{OP}_1\right| = \left|\overrightarrow{P_1P_2}\right| = |P_1P_2| = \sqrt{(x_2 - x_1)^2 + (y_2 - y_1)^2},$$

从而可知 $|z_2 - z_1|$ 表示两点 z_1、z_2 之间的欧氏距离.

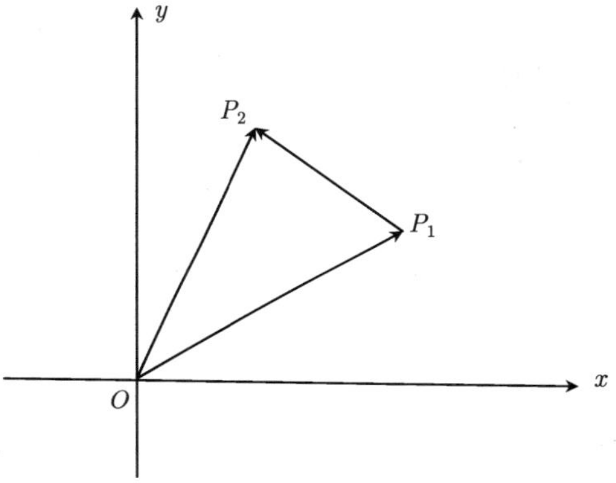

图 1.1

设 $z = x + iy \neq 0, \infty$, P 点即 $P(x, y)$, x 轴正向与矢量 $\overrightarrow{OP}$ 的夹角 $\theta = \operatorname{Arg} z$, 称为 z 的辐角 (或幅角), 从 x 轴逆时针旋转到 $\overrightarrow{OP}$ 的夹角 θ 规定为正值, 顺时针旋转的角度为负值. 当 $-\pi < \theta \leqslant \pi$ 时, θ 称为复数 z 的辐角主值或主辐角, 记为 $\theta = \arg z$. 当 $z = 0, \infty$ 时没有辐角. 显然, $\operatorname{Arg} z = \arg z + 2k\pi$, $k = 0, \pm 1, \pm 2, \cdots$.

记模 $|z| = r$, $\theta = \operatorname{Arg} z$, 则复数 z 的实部和虚部表示为 $x = r\cos\theta$, $y = r\sin\theta$, 从而得到复数的三角表示:

$$z = r(\cos\theta + i\sin\theta), \text{其中} r \geqslant 0.$$

利用欧拉公式: $\cos\theta + i\sin\theta = e^{i\theta}$ 得复数的指数表示:

$$z = re^{i\theta}, \text{其中} r \geqslant 0.$$

在复数的三角表示或指数表示 $z_j = r_j e^{i\theta_j}\,(j = 1, 2)$ 之下, $z_1 = z_2$ 当且仅当 $r_1 = r_2$ 且 $\theta_2 = \theta_1 + 2k\pi$, k 为整数.

可以算出下列一般公式 (z 都不在坐标轴上): 当 z 位于第一、第四象限时 $\arg z = \arctan\dfrac{y}{x}$; 当 z 位于第二象限时 $\arg z = \arctan\dfrac{y}{x} + \pi$; 当 z 位于第三象限时 $\arg z = \arctan\dfrac{y}{x} - \pi$. 这三

个计算公式的证明作为思考题.

例 1.1　求出下列复数的三角表示和指数表示.

(1) $\dfrac{i}{1+i}$;　　(2) $\left(\dfrac{\sqrt{3}+i}{2}\right)^2$.

解　(1) 原式 $=\dfrac{i(1-i)}{(1+i)(1-i)}=\dfrac{1+i}{2}=\dfrac{1}{\sqrt{2}}e^{\frac{\pi}{4}i}=\dfrac{1}{\sqrt{2}}\left(\cos\dfrac{\pi}{4}+i\sin\dfrac{\pi}{4}\right)$,

(2) 原式 $=\left(e^{i\frac{\pi}{6}}\right)^2=e^{i\frac{\pi}{3}}=\cos\dfrac{\pi}{3}+i\sin\dfrac{\pi}{3}$.

定理 1.3　(1) $|z_1z_2|=|z_1||z_2|$,　(2)$\mathrm{Arg}\,(z_1z_2)=\mathrm{Arg}\,z_1+\mathrm{Arg}\,z_2$.

证明　用复数的三角表示或指数表示给出证明. 设 $z_j=r_je^{i\theta_j}$ $(j=1,\ 2)$, 则

$$\begin{aligned}z_1z_2&=r_1r_2\left\{(\cos\theta_1\cos\theta_2-\sin\theta_1\sin\theta_2)+i(\sin\theta_1\cos\theta_2+\cos\theta_1\sin\theta_2)\right\}\\&=r_1r_2\left\{\cos(\theta_1+\theta_2)+i\sin(\theta_1+\theta_2)\right\},\ r_1r_2>0,\end{aligned}$$

所以

$$|z_1z_2|=r_1r_2=|z_1||z_2|,$$

$$\mathrm{Arg}\,(z_1z_2)=\theta_1+\theta_2=\mathrm{Arg}\,z_1+\mathrm{Arg}\,z_2.$$

定理 1.3 证毕.

定理 1.4　设 $z_2\neq 0$, 则

(1)$\left|\dfrac{z_1}{z_2}\right|=\dfrac{|z_1|}{|z_2|}$,　(2)$\mathrm{Arg}\,\dfrac{z_1}{z_2}=\mathrm{Arg}\,z_1-\mathrm{Arg}\,z_2$.

证明　只要证明 $\left|\dfrac{z_1}{z_2}\right||z_2|=|z_1|$, $\mathrm{Arg}\,\dfrac{z_1}{z_2}+\mathrm{Arg}\,z_2=\mathrm{Arg}\,z_1$, 由定理 1.3, 显然得证. 定理 1.4 证毕.

归纳可证:

$$|z_1z_2\cdots z_n|=|z_1||z_2|\cdots|z_n|,$$

$$\mathrm{Arg}\,(z_1z_2\cdots z_n)=\mathrm{Arg}\,z_1+\mathrm{Arg}\,z_2+\cdots+\mathrm{Arg}\,z_n.$$

思考题: 复数乘法有何几何意义? 除法有何几何意义? 这一点在第二章和第七章有详细的论述.

复数的球面表示. 建立一个三维的笛卡儿直角坐标系 $Oxyw$, 三个坐标轴的正方向符合右手系, 以原点 $O(0,0,0)$ 为中心, 1 为半径的球面 $S=\{(x,y,w):x^2+y^2+w^2=1\}$ 称为黎曼球面, 点 $N(0,0,1)$ 称为北极 (图 1.2). 平面 Oxy 看作复平面 C, 在复平面 C 上任取一点 $z=x+iy$, 连接 z 点与北极 N 交黎曼球面 S 于 P 点, 则在集合 $S\backslash\{N\}$ 与复平面 C 之间, 点 P 与点 z 建立了一一对应关系, 将无穷远点 ∞ 与北极 N 对应, 从而在黎曼球面 S 与扩充复平面 $\bar{C}=C\cup\{\infty\}$ 之间建立了一一对应的关系, 扩充复平面 $\bar{C}$ 上点可以用黎曼球面上点来表示, 扩充复平面上两点之间的距离可以用黎曼球面上两点之间的距离来表示.

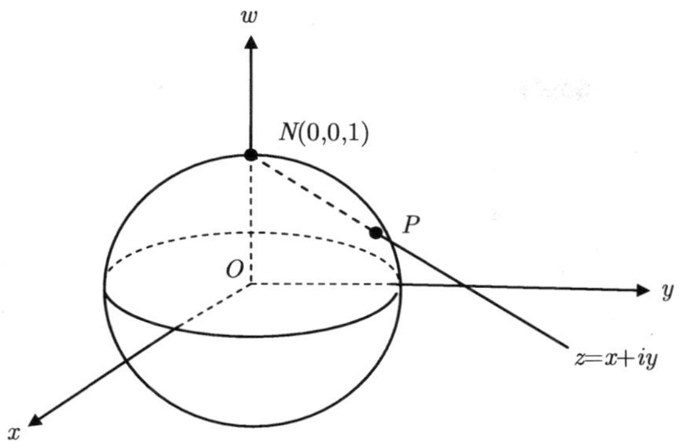

图 1.2

1.3 乘幂与方根运算

设 $z=re^{i\theta}$, 其中 $r>0$, n 为正整数, 则由定理 1.3 知

$$z^n=r^ne^{in\theta}=r^n\left(\cos n\theta+i\sin n\theta\right).$$

特别地, 当 $r=1$ 时, 得到 De Moivre 公式

$$(\cos\theta+i\sin\theta)^n=\cos n\theta+i\sin n\theta.$$

定义 1.6 设 $z\neq 0,\infty$, 正整数 $n\geqslant 2$, 若存在复数 w, 使得 $w^n=z$, 则称 w 为 z 的 n 次方根, 记为 $w=\sqrt[n]{z}$.

设 $z=re^{i\theta},w=\rho e^{i\varphi}$, 由 $\rho^ne^{in\varphi}=re^{i\theta}$ 可知

$$\rho=\sqrt[n]{r},\varphi=\frac{\theta+2k\pi}{n},k\text{为整数}.$$

所以 $w_k:=\left(\sqrt[n]{z}\right)_k=\sqrt[n]{r}\,e^{i\frac{\theta+2k\pi}{n}},k$ 为整数.

注意到 $\dfrac{w_{k+1}}{w_k}=e^{i\frac{2\pi}{n}},w_0=w_n$, 故 z 的 n 次方根 w_k 分布在以原点为圆心、$\sqrt[n]{r}$ 为半径的同一个圆周 $\varGamma$ 上 (图 1.3), 相邻两根相差辐角 $\dfrac{2\pi}{n}$, 从而互异的方根恰好有 n 个, 一般记为

$$w_k:=\left(\sqrt[n]{z}\right)_k=\sqrt[n]{r}\,e^{i\frac{\theta+2k\pi}{n}},k=0,1,\cdots,n-1.$$

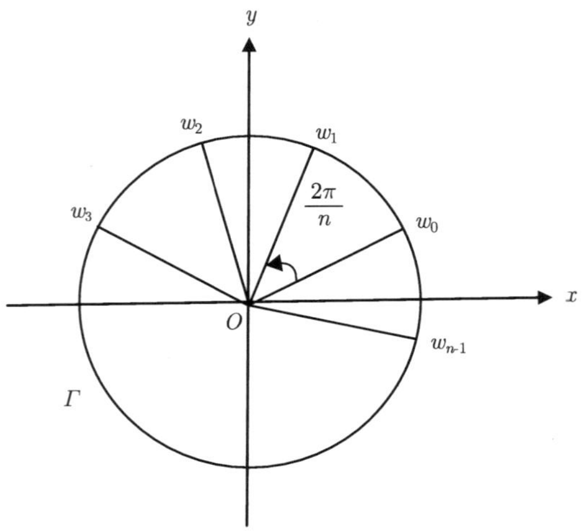

图 1.3

1.4　复平面上的点集

定义 1.7　以 z_0 为中心, $\rho>0$ 为半径的圆盘 $\{z\in C: |z-z_0|<\rho\}$ 称为点 z_0 的以 ρ 为半径的邻域, 记为 $U(z_0,\rho)$, 简记为 $U(z_0)$.

定义 1.8　设点集 $E\subset C$, $z_0\in C$.

(1) 若存在一个邻域 $U(z_0)$, 使得 $U(z_0)\subset E$, 则称 z_0 点为点集 E 的内点, 记为 $z_0\in \overset{\circ}{E}$, 其中 $\overset{\circ}{E}$ 为 E 所有内点的集合, 称为 E 的内部. 若 E 的每一点都为内点, 则称 E 为开集.

(2) 若 z_0 的任意邻域内都含有 E 的无穷多个点, 则称 z_0 为点集 E 的聚点, 记为 $z_0\in E'$, 其中 E' 为 E 所有聚点的集合, 称为 E 的导集. 若 $E'\subset E$, 则称 E 为闭集.

(3) 若 z_0 的任意邻域内同时含有 E 中的点和 E 以外的点, 则称 z_0 为 E 的边界点, 记为 $z_0\in\partial E$, 其中边界 ∂E 为 E 所有边界点的集合.

(4) 若非聚点 $z_0\in E$, 则称 z_0 为 E 的孤立点; 若非聚点 $z_0\notin E$, 则 z_0 称为 E 的外点.

规定空集 $\varnothing$ 为开集. 复平面 C, 邻域和 $\overset{\circ}{E}$ 为开集.

E', $\bar{E}=E\cup E'$, ∂E 为闭集. 孤立点必为边界点, 孤立点必为非聚点. 设全集为 C, 则开集的补集为闭集. 闭集的补集为开集, 上述结论的证明略.

定义 1.9　设 $x(t), y(t)$ 为区间 $[\alpha,\beta]$ 上连续的实值函数, 则称曲线 $\gamma{:}z(t)=x(t)+iy(t)$, $t\in[\alpha,\beta]$ 为复平面上一条连续曲线. 若规定起点和终点, 则称 γ 为有向曲线. 若曲线 γ 的端点重合, 则称 γ 为闭曲线; 若曲线 γ 的中间没有相交的重合的点, 则称 γ 为简单曲线或 Jordan 曲线. 若在 $[\alpha,\beta]$ 上 $x'(t)$, $y'(t)$ 连续且 $x'^2(t)+y'^2(t)\neq 0$, 则称 γ 为光滑曲线.

定义 1.10　设 $D\subset C$, $D\neq\varnothing$, 若 D 为连通的开集, 则称 D 为区域. 所谓 D 的连通性指弧连通. 若存在 $\{|z|\leqslant R\}$, 使得 $D\subset\{|z|\leqslant R\}$, 则称 D 为有界域. 若沿着区域 D 的边界

曲线 γ 向前行走时, 区域总在 γ 的左边, 则称此方向为边界曲线 γ 的正方向, 否则称为负方向. 若区域 D 内任何一条简单闭曲线的内部都含于 D 内, 则称 D 为单连通区域, 否则 D 称为多连通区域.

例 1.2 直线和圆周的表示.

解 对于直线的方程, 有三个方法:

方法一 设 z_1、z_2 为复平面上不同的两点, 则通过此两点的直线 l 的方程可表示为 $z = z_1 + t(z_2 - z_1)$, $-\infty < t < +\infty$，t 为参数. 这是由于矢量 $\overrightarrow{z_1 z}$ 与矢量 $\overrightarrow{z_1 z_2}$ 平行, 故 $\overrightarrow{z_1 z} = t\overrightarrow{z_1 z_2}$(图 1.4).

方法二 设 z_1、z_2 为直线 l 的一对对称点, 则直线 l 的方程可表示为 (图 1.5)

$$l:|z - z_1| = |z - z_2|.$$

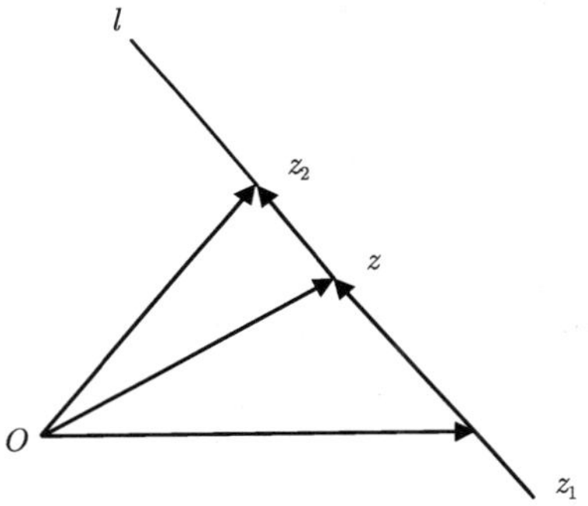

图 1.4

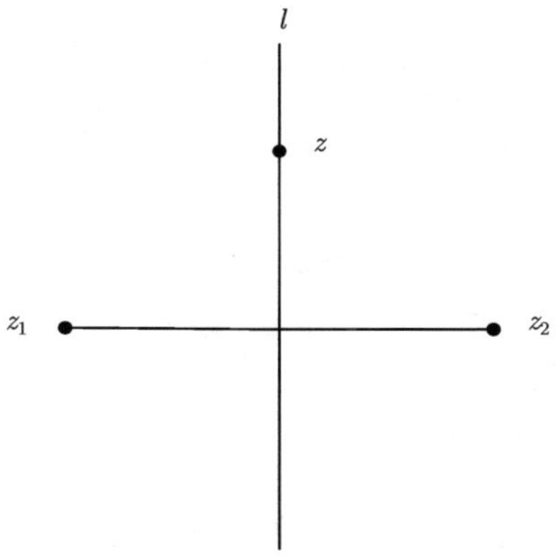

图 1.5

方法三 已知直线方程的实分析表示为 $ax + by + c = 0$, 其中 x、y 为直线 l 上点 z 的实部和虚部, a、b、c 为实数, 且 a、b 不全为零. 将 $x = \dfrac{z+\bar{z}}{2}, y = \dfrac{z-\bar{z}}{2i}$ 代入上式, 即得直线 l 方程为

$$\bar{A}z + A\bar{z} + B = 0$$

其中,$A = a + bi \neq 0$, $B = 2c$.

对于以 z_0 为圆心, 以 $R > 0$ 为半径的圆周 $\varGamma$ 的方程, 常用的是 $|z - z_0| = R$.

定义 1.11 设 $\{z_n\}$ 为复平面 C 上一个点列, $z_n = a_n + b_n i$, $p = a + bi$ 为复数, 若对于任意的正数 $\varepsilon > 0$, 存在相应的正整数 N, 当 $n > N$ 时, 有 $|z_n - p| < \varepsilon$ 成立, 则称当 $n \to \infty$ 时, z_n 收敛到 p, 记为 $\lim\limits_{n\to\infty} z_n = p$.

由 $|a_n - a| \leqslant |z_n - p| \leqslant |a_n - a| + |b_n - b|, |b_n - b| \leqslant |z_n - p|$ 可知,

$$\lim_{n\to\infty} z_n = p \text{ 当且仅当 } \lim_{n\to\infty} a_n = a \text{ 且 } \lim_{n\to\infty} b_n = b.$$

利用实分析的相应定理易于证明下述定理.

定理 1.5(柯西收敛准则)　复数数列 $\{z_n\}$ 收敛的充分且必要条件为对于任意的正数 $\varepsilon>0$, 存在相应的正整数 N, 当 m、$n>N$ 时, 有 $|z_n-z_m|<\varepsilon$ 成立.

定理 1.6(致密性定理)　设 $\{z_n\}$ 是一个有界复数数列, 则 $\{z_n\}$ 存在收敛子列.

定理 1.7(聚点定理)　设 E 为复平面上有界的无穷点集, 则 E 必有聚点, 即 $E'\neq\varnothing$.

对于复数点集的闭集套定理和 Heine-Borel 有限覆盖定理仍成立, 其表述读者自行给出.

习　题　1

1. 求下列复数的实部、虚部与共轭复数.

(1) $z=\dfrac{25}{3-4i}$;　　(2) $z=\dfrac{1}{1+i}-\dfrac{3i}{1-i}$.

2. 求出下列复数的模和辐角.

(1) $\dfrac{i}{(i-1)(i-2)}$;　　(2) $\left(\dfrac{1+i\sqrt{3}}{2}\right)^2$.

3. 试求下列各式中的 x 与 y (x,y 都是实数).

(1) $(1+i)x+(3-5i)y=1-3i$;

(2) $\dfrac{x+1+i(y-3)}{5+3i}=1+i$.

4. 设 $\dfrac{x+iy}{x-iy}=a+ib$, 求 $a^2+b^2(x,y,a,b$ 为实数).

5. 将下列复数化成三角表示式和指数表示式.

(1) $-i$;　　(2) -2;

(3) $1+\sqrt{3}i$;　　(4) $\dfrac{(\sqrt{3}+i)(1+i)}{(\sqrt{3}-i)(1-i)}$.

6. 设 $|z|=\sqrt{5}$, $\arg(z-i)=\dfrac{3}{4}\pi$, 求复数 z.

7. 求下列各式的值.

(1) $(1+i\sqrt{3})^8$;　　(2) $\sqrt[6]{-1}$;　　(3) $\sqrt[4]{1-i}$.

8. 设 $z=e^{i\frac{2\pi}{n}},n\geqslant 2$. 证明: $1+z+\cdots+z^{n-1}=0$.

9. 如果 $|z|=1$, 试证: 对任何复数 a 与 b 有 $\left|\dfrac{az+b}{\bar{b}z+\bar{a}}\right|=1$.

10. 设 $|a|<1,|z|<1$, 证明下列等式.

$$1-\left|\frac{z-a}{1-\bar{a}z}\right|^2=\frac{(1-|a|^2)(1-|z|^2)}{|1-\bar{a}z|^2}.$$

11. 证明等式 $|z_1+z_2|^2+|z_1-z_2|^2=2(|z_1|^2+|z_2|^2)$, 并说明此式的几何意义.

12. 设 z_1, z_2, z_3 三点适合条件: $z_1 + z_2 + z_3 = 0$ 及 $|z_1| = |z_2| = |z_3| = 1$.

证明 z_1, z_2, z_3 是一个内接于单位圆周 $|z| = 1$ 的正三角形的顶点.

13. 已知正三角形两顶点为 $z_1 = 1$ 和 $z_2 = 2 + i$, 求它的第三个顶点.

14. 指出下列各式中点 z 所确定的平面图形, 作出草图. 并说明是不是区域, 若为区域, 指出是单连通域还是多连通域.

(1) $\arg z = \dfrac{\pi}{4}$;　　(2) $|z-1| = |z+1|$;

(3) $1 < |z+i| < 2$;　　(4) $\mathrm{Re}z > \mathrm{Im}z$;

(5) $\mathrm{Im}z > 1$且$|z| < 2$;　　(6) $|z-1| > 2$;

(7) $\dfrac{\pi}{4} < \arg z < \dfrac{\pi}{3}$ 且 $1 < |z| < 3$;　　(8) $|z-1| < |z+3|$;

(9)$\mathrm{Re}z^2 < 1$;　　(10) $\left|\dfrac{z-1}{z+1}\right| > a, a > 0$.

15. 已知两点 z_1 与 z_2, 问下列各点 z 位于何处?

(1)$z = \dfrac{1}{2}(z_1 + z_2)$;　　(2)$z = \lambda z_1 + (1-\lambda)z_2$ (λ 为实数).

16. 将下列方程 (t 为实参数) 给出的曲线用一个实直角坐标系方程给出.

(1)$z = t(1+i)$;　　(2)$z = a\cos t + ib\sin t(a, b$ 是实常数);

(3)$z = t + \dfrac{i}{t}$;　　(4)$z = t^2 + \dfrac{i}{t^2}$.

17. 证明: 复数数列 $\{z_n\}$ 收敛的充分且必要条件为对于任意的正数 $\varepsilon > 0$, 存在相应的正整数 N, 当 m、$n > N$ 时, 有 $|z_n - z_m| < \varepsilon$ 成立.

18. 证明: 设 $\{z_n\}$ 是一个有界复数数列, 则 $\{z_n\}$ 存在收敛子列.

19. 证明: 设 E 为复平面上有界的无穷点集, 则 E 必有聚点, 即

$$E' \neq \varnothing.$$

第 2 章　复变函数与解析函数

2.1　复变函数

定义 2.1　设 $D \subset C$, 若 $f: D \to \bar{C}$ 为映射, 则称在 D 上确定了一个单值复变函数 $w = f(z), z \in D$, 其中 z 为自变量, w 为因变量, D 为函数 f 的定义域, $f(D)$ 为函数 f 的值域. 若对于 $z \in D$, 有不止一个值 w 与之对应, 则称 f 为多值复变函数, 例如 $w = \text{Arg}z$ 为无穷多值函数, $w = \sqrt[n]{z}$ 为 n 值多值函数, 其中整数 $n \geqslant 2$. 在本文中如不加指明, 均指单值复变函数.

例 2.1　函数 $w = z^2$ 的分析表示.

解　用复数的代数表示、三角表示、指数表示来表示函数的自变量、因变量, 因而函数 $w = z^2$ 还可以表示为:

$$
\begin{aligned}
&w = (x^2 - y^2) + 2xyi, \\
&w = r^2(\cos 2\theta + i \sin 2\theta), \\
&P(r,\, \theta) = r^2 \cos 2\theta、Q(r,\, \theta) = r^2 \sin 2\theta, \\
&\rho = r^2、\varphi = 2\theta + 2k\pi.
\end{aligned}
$$

复变函数 $w = f(z) = u + iv$ 的图像表示, 因为 (x, y, u, v) 表达了四维空间, 因而一个复平面不能表达出复变函数的图像, 取两个复平面 z 平面和 w 平面 (图 2.1), z 平面上取函数自变量的可取的点集或曲线 γ, w 平面上刻画自变量的所取点集 γ 在函数 f 这个映射作用下的像即函数因变量所取的点集 $f(\gamma)$.

例 2.2　函数 $w = z^2$ 把 z 平面上下列曲线映射为 w 平面上何种曲线?(1) 以原点为心, 2 为半径的上半圆周; (2) 双曲线 $x^2 - y^2 = 1$ 和双曲线 $xy = 1$.

解　(1) $w = z^2$ 化为 $\rho = r^2$, $\varphi = 2\theta$. 故 $w = z^2$ 将 z 平面上以原点为心, 2 为半径的上半圆周映射为 w 平面上以原点为心, 4 为半径的圆周 (图 2.2).

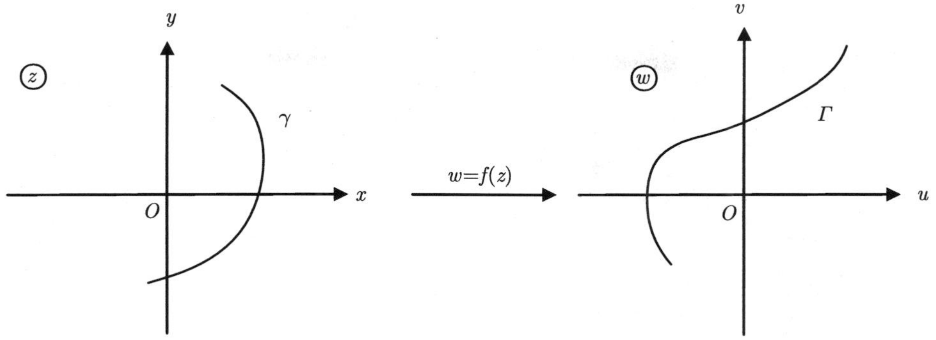

图 2.1

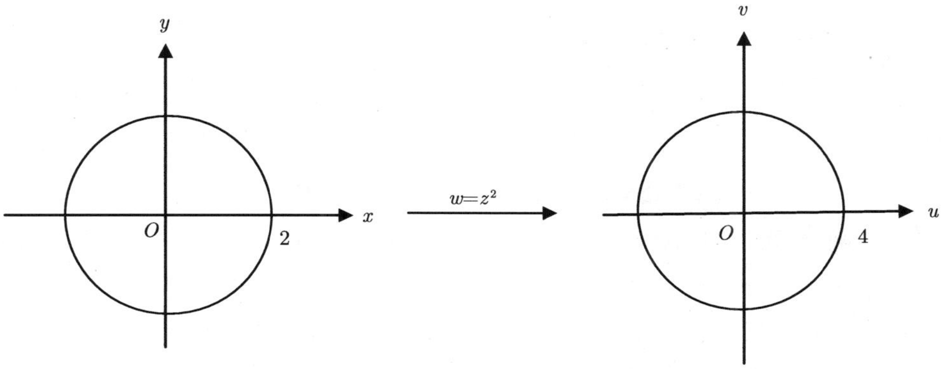

图 2.2

(2) $w=z^2$ 化为 $u=x^2-y^2$, $v=2xy$. 故 $w=z^2$ 将 z 平面上双曲线 $x^2-y^2=1$ 映为 w 平面直线 $u=1$. $w=z^2$ 将 z 平面上双曲线 $xy=1$ 映为 w 平面上直线 $v=2$(图 2.3).

在上述例 2.2(2) 中, 像曲线 $u=1$ 和 $v=2$ 为两条正交的直线, 夹角为 $\pi/2$, 那么原像曲线即双曲线 $x^2-y^2=1$ 和双曲线 $xy=1$ 也是正交的吗? 回答是肯定的. 对于弯曲的曲线的夹角, 可以定义为两条曲线在交点处切线的夹角, 在本章第二节, 证明了在导数 $f'(z)\neq 0$ 的 z 点处, 映射 $w=f(z)$ 是保持角度不变的.

例 2.3 函数 $w=\dfrac{1}{z}$ 把 z 平面上下列曲线映射为 w 平面上何种曲线?

(1) $|z-1|=|z|$; (2) $|z-i|=|z-1|$; (3) $|z|=2$.

解 把 $z=\dfrac{1}{w}$ 代入上述方程, 立即得知 $w=\dfrac{1}{z}$ 把直线 $|z-1|=|z|$ 映为圆 $|w-1|=1$, 把直线 $|z-i|=|z-1|$ 映为直线 $|w+i|=|w-1|$, 把圆 $|z|=2$ 映射为圆 $|w|=\dfrac{1}{2}$.

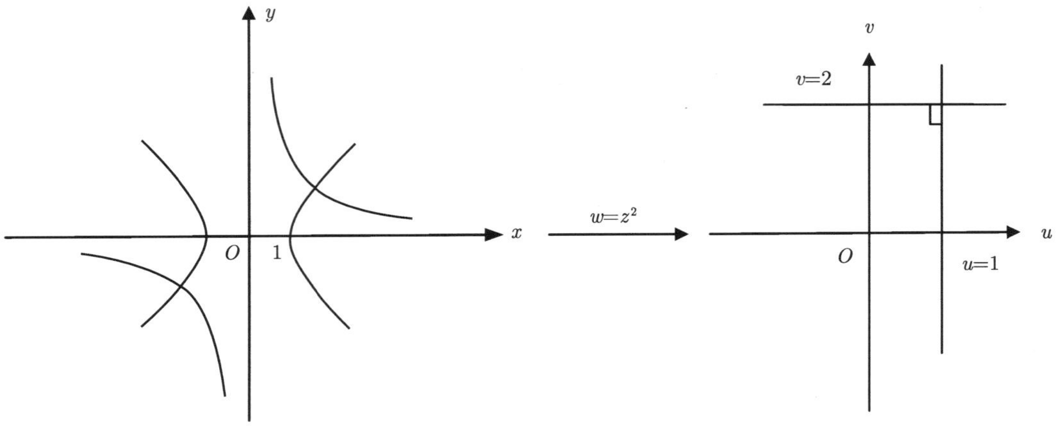

图 2.3

定义 2.2　把点映到关于圆周 Γ 或直线 L 的对称点的映射, 称为关于圆周 Γ 或直线 L 的反演变换, 例如 $f(z)=\bar{z}$ 为关于实轴的反演变换, $f(z)=\dfrac{1}{\bar{z}}$ 为关于圆心在原点的单位圆周的反演, $f(z)=\dfrac{1}{z}$ 为关于单位圆周的反演和关于实轴反演的复合映射.

例 2.4　设 Γ 是圆周 $\{z:|z-a|=R\}$, $R>0$, 设 $w=f(z)$ 为关于圆周 Γ 的反演变换, 试求出 $w=f(z)$ 表达式.

解　如图 2.4 所示, 点 z 与点 w 关于 Γ 对称 (其中 $w=f(z)$), 当且仅当 $|z-a||w-a|=R^2$ 且存在实数 $t>0$ 使得 $w-a=t(z-a)$. 故 $|z-a||w-a|=\overline{(z-a)}(w-a)$, 从而 $w-a=\dfrac{R^2}{\bar{z}-\bar{a}}$,

$$w=f(z)=a+\frac{R^2}{\bar{z}-\bar{a}}.$$

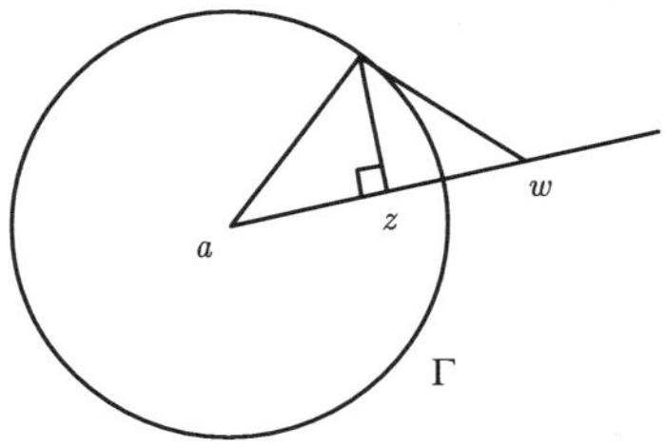

图 2.4

定义 2.3　设 $w=f(z)$ 在去心邻域 $U^\circ(z_0,\rho)=\{0<|z-z_0|<\rho\}$ 上有定义, $w_0\in C$, 若对于任意的正数 $\varepsilon>0$, 存在相应的正数 $\delta>0,(\delta<\rho)$, 当 $0<|z-z_0|<\delta$ 时, 有 $|f(z)-w_0|<\varepsilon$ 成立, 则称当 $z\to z_0$ 时,$f(z)$ 以 w_0 为极限, 记为 $\lim\limits_{z\to z_0}f(z)=w_0$.

由定义 2.2 立知, 对于复变函数的极限的唯一性、四则运算法则 (在除法运算中分母极限不为零)、局部有界性、局部保号性 (指局部不等于零) 都是成立的.

定理 2.1　设 $w=f(z)=u(x,y)+iv(x,y)$ 在 $U^\circ(z_0,\rho)$ 内有定义, $w_0=u_0+iv_0$, 则

$\lim\limits_{z\to z_0} f(z) = w_0$ 充分且必要条件为 $\lim\limits_{z\to z_0} u(x,y) = u_0$ 且 $\lim\limits_{z\to z_0} v(x,y) = v_0$.

证明　由极限定义易证. 证毕.

定义 2.4　设 $w = f(z)$ 在 $U(z_0, \rho)$ 有定义, 若 $\lim\limits_{z\to z_0} f(z) = f(z_0)$, 则称 $f(z)$ 在 z_0 处连续.

显然, $f(z)$ 在 z_0 处连续当且仅当 $\lim\limits_{z\to z_0} f(z) = f(\lim\limits_{z\to z_0} z)$, 也就是说在函数连续的点处, 函数作为一种运算和极限运算可以交换次序, 由此易知下面定理 2.3 成立. 由定义 2.3 知关于复变函数连续的四则运算法则成立 (除法运算中分母函数值不为零). 在定理 2.1 中取 $w_0 = f(z_0)$ 立即得定理 2.2.

定理 2.2　设 $w = f(z) = u(x,y) + iv(x,y)$ 在 $U(z_0, \rho)$ 有定义, 则 $f(z)$ 在 z_0 处连续充分且必要条件为 $u(x,y), v(x,y)$ 都在 (x_0, y_0) 处连续.

定理 2.2 表明数学分析中许多判断多元实函数连续的定理和结论可以用于判断复变函数的连续性了, 因而许多情况下判定复变函数的连续性是十分方便的.

定理 2.3　若 $w = g(\zeta)$ 在 ζ_0 处连续, $\zeta = f(z)$ 在 z_0 处连续, $\zeta_0 = f(z_0)$, 则复合函数 $w = g(f(z))$ 在 z_0 处连续.

例 2.5　设 $f(z) = \dfrac{1}{2i}\left(\dfrac{z}{\bar z} - \dfrac{\bar z}{z}\right), z \neq 0$, 证明 $f(z)$ 在 $z = 0$ 处不连续.

证明　令 $z = re^{i\theta}$, 则 $f(z) = \mathrm{Im}\left(\dfrac{z}{\bar z}\right) = \sin 2\theta$, 取路径 $\theta = 0$ 当 $r \to 0$ 时有 $f(z) \to 0$, 取路径 $\theta = \pi/4$ 当 $r \to 0$ 时有 $f(z) \to 1$, $1 \neq 0$, 故当 $z \to 0$ 时 $f(z)$ 极限不存在, 从而 $f(z)$ 在 $z = 0$ 不连续. 证毕.

2.2　解析函数与柯西-黎曼方程

定义 2.5　设 $f(z)$ 在域 D 上有定义, $z_0 \in D$, 若极限

$$\lim_{z\to z_0} \frac{f(z) - f(z_0)}{z - z_0}$$

存在, 则称 $f(z)$ 在 z_0 处可导, 极限值称为 $f(z)$ 在 z_0 点的导数 (或微商), 记为 $f'(z_0)$. 若 $f(z)$ 在 z_0 点一个邻域 $U(z_0, \rho)$ 内处处可导, 则称 f 在 z_0 点解析或 f 在 z_0 点全纯或 z_0 为 f 的解析点. 若 f 在 z_0 点不解析, 但在 $U^\circ(z_0)$ 内总有 f 解析的点, 则称 z_0 为 f 的奇点.

显然, 若 f 在域 D 内处处可导, 则 f 在 D 内处处解析, 此时称 f 为域 D 内的解析函数或全纯函数, 导函数记为 $f'(z)$ 或 f'. 在复平面 C 上解析的函数, 叫做整函数.

例 2.6　若 $w = f(t) = u(t) + iv(t)$ 为可导函数, $t \in R$, 则由定义 2.4 可计算出 $f'(t) = u'(t) + iv'(t)$.

定义 2.6　设函数 $f(z)$ 在域 D 内有定义, $z_0 \in D$, A 为常数, 若在 z_0 点附近有

$$\Delta f = A\Delta z + \circ(\Delta z), \quad \Delta z \to 0,$$

则称 f 在 z_0 点可微, 其中 $\circ(\Delta z)$ 表示当 $\Delta z\to 0$ 时 Δz 的高阶无穷小量. 上式中线性部分称为 f 在 z_0 点的微分 $df|_{z_0}$, 记作:

$$df|_{z_0}=A\Delta z,\quad \Delta z\to 0.$$

注 2.1　f 在 z_0 点可导当且仅当 f 在 z_0 点可微. $A=f'(z_0)$.

证明　若 f 在 z_0 点可导, 则 $\lim\limits_{\Delta z\to 0}\dfrac{\Delta f}{\Delta z}=f'(z_0)$, 此即 $\dfrac{\Delta f}{\Delta z}=f'(z_0)+\circ(1),\Delta z\to 0$ 时. 从而 $\Delta f=f'(z_0)\Delta z+\circ(1)\Delta z$, 由此可知 f 在 z_0 点可微. $A=f'(z_0)$.

若 f 在 z_0 点可微, 则 $\Delta f=A\Delta z+\circ(\Delta z),\Delta z\to 0$ 时. 从而 $\dfrac{\Delta f}{\Delta z}=A+\dfrac{\circ(\Delta z)}{\Delta z}\to A$, $\Delta z\to 0$ 时. 所以 f 在 z_0 点可导且 $f'(z_0)=A$.

注 2.2　f 在 z_0 点可微, 则 f 在 z_0 点的微分为

$$df|_{z_0}=f'(z_0)\Delta z,\quad \Delta z\to 0.$$

一般地, f 的微分为 $df=f'(z)\Delta z,\Delta z\to 0$. 取 $f(z)=z$ 得 $dz=1\cdot\Delta z,\Delta z\to 0$, 所以 f 的微分为

$$df=f'(z)dz.$$

从而 $\dfrac{df}{dz}=f'(z)$, 导数为微分之商, 故又称微商.

注 2.3　若 f 在 z_0 点可导, 则 f 在 z_0 点连续, 反之不然.

证明　f 可导, 则可微, $\Delta f=f'(z_0)\Delta z+\circ(\Delta z)\to 0$, 故 f 连续. 反例如下:$f(z)=\bar z,|z|,\mathrm{Re}z,\mathrm{Im}z$ 这四个函数都在复平面上处处连续 (由定理 2.2), 但在 C 上处处不可导. 以 $f(z)=\bar z$ 为例,

$$\frac{\Delta f}{\Delta z}=\frac{\overline{\Delta z}}{\Delta z}=\begin{cases}1, & \Delta z=\Delta x\in R\\ -1, & \Delta z=i\Delta y,\Delta y\in R\end{cases}$$

$$\lim_{\Delta z=x\to 0}\frac{\Delta f}{\Delta z}=1\neq -1=\lim_{\Delta z=iy\to 0}\frac{\Delta f}{\Delta z},$$

所以 $f(z)=\bar z$ 在 C 上处处不可导.

注 2.4　若 f 在 z_0 点解析, 则 f 在 z_0 点可导. 反之不然.

证明　显然. 反例: $f(z)=|z|^2$, $z\mathrm{Re}z$, $z\mathrm{Im}z$, 这三个函数都是仅仅在 $z=0$ 点可导, 在 $C\backslash\{0\}$ 上处处不可导, 故 f 在 C 上处处不解析. 反例结论的证明用本节中下述的柯西 - 黎曼条件判别法比解析的定义法更加方便, 故此处从略.

注 2.5　求导法则

以下假设 f,g 都是可导的函数, 用导数定义可以证明下述求导法则成立:

(1) $(f\pm g)'=f'\pm g'$;

(2) $(fg)'=f'g+fg'$, 特别地, 当 c 为常数时, $(cf)'=cf'$;

(3) 设 $g(z)\neq 0$, 则 $\left(\dfrac{f}{g}\right)'=\dfrac{f'g-fg'}{g^2}$, 特别地, $\left(\dfrac{1}{g}\right)'=-\dfrac{g'}{g^2}$;

(4) $(g(f(z)))' = g'(f(z))f'(z)$;

(5) $f'(z) = \dfrac{1}{\varphi'(w)}$, 其中 $w = f(z), z = \varphi(w)$ 为互为反函数的单值可导函数, 且 $\varphi'(w) \neq 0$.

例 2.7 $f(z) = z$, 则 $f'(z) = 1$.

例 2.8 $f(z) = z^n$, n 为正整数, 则

$$f'(z) = (z \cdots z)' = 1 \cdot z \cdots z + z \cdot 1 \cdots z + \cdots + z \cdots z \cdot 1 = nz^{n-1},$$

$$(z^{-n})' = \left(\frac{1}{z^n}\right)' = -\frac{nz^{n-1}}{z^{2n}} = -nz^{-n-1}.$$

例 2.9 若 $f(z)$ 在上半 z 平面解析, 则 $\overline{f(\bar{z})}$ 在下半 z 平面解析.

证明 $\lim\limits_{z \to z_0} \frac{\overline{f(\bar{z})} - \overline{f(\bar{z}_0)}}{z - z_0} = \overline{\lim\limits_{z \to z_0} \frac{f(\bar{z}) - f(\bar{z}_0)}{\bar{z} - \bar{z}_0}} = \overline{f'(\bar{z}_0)}$.

定理 2.4 设函数 $f(z) = u + iv$ 在域 D 内有定义, $z_0 \in D$, 若 $f(z)$ 在 z_0 点可导, 则 (1)u, v 在 z_0 点的偏导数存在;(2) u, v 在 z_0 点满足柯西-黎曼条件: $u'_x(x_0, y_0) = v'_y(x_0, y_0)$ 且 $u'_y(x_0, y_0) = -v'_x(x_0, y_0)$.

证明 $z_0 = x_0 + iy_0$, 取水平路径 $z = x + iy_0$, 则

$$z - z_0 = x - x_0 = \Delta x,$$

$$\begin{aligned} f'(z_0) &= \lim_{\Delta z = \Delta x \to 0} \frac{f(z) - f(z_0)}{z - z_0} \\ &= \lim_{\Delta x \to 0} \frac{u(x, y_0) - u(x_0, y_0) + i(v(x, y_0) - v(x_0, y_0))}{\Delta x} \\ &= \lim_{\Delta x \to 0} \frac{u(x, y_0) - u(x_0, y_0)}{\Delta x} + i \lim_{\Delta x \to 0} \frac{v(x, y_0) - v(x_0, y_0)}{\Delta x} \\ &= u'_x(x_0, y_0) + iv'_x(x_0, y_0). \end{aligned}$$

取垂直于实轴的路径 $z = x_0 + iy$, 则 $z - z_0 = i(y - y_0) = i\Delta y$,

$$\begin{aligned} f'(z_0) &= \lim_{\Delta z = i\Delta y \to 0} \frac{f(z) - f(z_0)}{z - z_0} \\ &= \lim_{\Delta y \to 0} \frac{u(x_0, y) - u(x_0, y_0) + i(v(x_0, y) - v(x_0, y_0))}{i\Delta y} \\ &= \lim_{\Delta y \to 0} \frac{v(x_0, y) - v(x_0, y_0)}{\Delta y} - i \lim_{\Delta y \to 0} \frac{u(x_0, y) - u(x_0, y_0)}{\Delta y} \\ &= v'_y(x_0, y_0) - iu'_y(x_0, y_0), \end{aligned}$$

两个导数值是相等的. 证毕.

例 2.10 函数 $f(z) = \sqrt{|xy|}$ 在 $z = 0$ 处满足柯西-黎曼条件, 但在 $z = 0$ 处 f 不可导.

证明 利用二元实函数 $u(x, y), v(x, y)$ 在 $(0, 0)$ 的偏导数定义及在 $z = 0$ 点导数定义即得.

例 2.10 说明了定理 2.4 的逆命题不成立.

可以用形式导数等价地表示柯西-黎曼条件. 把 f 看成 x, y 的函数, 由下式

$$x = \frac{z+\bar{z}}{2}, \quad y = \frac{z-\bar{z}}{2i}$$

可知 x, y 为 $z, \bar{z}$ 的函数, 故 f 可以看成 $z, \bar{z}$ 的复合函数. 按照复合函数求导法得:

$$\frac{\partial f}{\partial \bar{z}} = \frac{\partial f}{\partial x}\frac{\partial x}{\partial \bar{z}} + \frac{\partial f}{\partial y}\frac{\partial y}{\partial \bar{z}} = \frac{1}{2}\frac{\partial f}{\partial x} - \frac{1}{2i}\frac{\partial f}{\partial y} = \frac{1}{2}\left(\frac{\partial f}{\partial x} + i\frac{\partial f}{\partial y}\right),$$

同理, $\frac{\partial f}{\partial z} = \frac{1}{2}\left(\frac{\partial f}{\partial x} - i\frac{\partial f}{\partial y}\right)$, 所以,

$$\frac{\partial f}{\partial \bar{z}} = \frac{1}{2}[(u'_x + iv'_x) + i(u'_y + iv'_y)] = \frac{1}{2}[(u'_x - v'_y) + i(u'_y + v'_x)],$$

故 $\frac{\partial f}{\partial \bar{z}} = 0$ 当且仅当柯西-黎曼条件成立.

若 $f(z)$ 在 z_0 点可导, 则导数计算公式有四个:

$$\begin{aligned} f'(z_0) &= u'_x(x_0, y_0) + iv'_x(x_0, y_0) = u'_x(x_0, y_0) - iu'_y(x_0, y_0) \\ &= v'_y(x_0, y_0) - iu'_y(x_0, y_0) = v'_y(x_0, y_0) + iv'_x(x_0, y_0). \end{aligned}$$

定理 2.5 设函数 $f(z) = u + iv$ 在域 D 内有定义, $z_0 \in D$, 则 $f(z)$ 在 z_0 点可导的充分且必要条件为 (1)u, v 在 z_0 点都可微;(2)u, v 在 z_0 点满足柯西-黎曼方程.

证明 “$\Rightarrow$” $\lim\limits_{\Delta z \to 0} \frac{\Delta f}{\Delta z} = f'(z_0)$, 由注 2.1, 等价地,

$$\Delta f = f'(z_0)\Delta z + \circ(1)\Delta z, \Delta z \to 0\text{时}.$$

令 $\rho(\Delta z) = \circ(1)\Delta z$, 显然, $\rho(\Delta z)$ 为当 $\Delta z \to 0$ 时 $|\Delta z|$ 的高阶无穷小量,

令 $\rho(\Delta z) = \eta_1 + i\eta_2$, 则 η_1、η_2 为当 $\Delta z \to 0$ 时 $|\Delta z|$ 的高阶无穷小量,

令 $\Delta f = \Delta u + i\Delta v$, $f'(z_0) = \alpha + i\beta$,$\Delta z = \Delta x + i\Delta y$ 代入上式, 得

$$\Delta u + i\Delta v = (\alpha + i\beta)(\Delta x + i\Delta y) + \eta_1 + i\eta_2, |\Delta z| \to 0\text{时},$$

等价地, 当 $|\Delta z| \to 0$ 时有下面两式同时成立:

$$\Delta u = \alpha\Delta x - \beta\Delta y + \eta_1,$$

$$\Delta v = \beta\Delta x + \alpha\Delta y + \eta_2$$

这意味着, u, v 在 z_0 点都可微, $u'_x(x_0, y_0) = \alpha = v'_y(x_0, y_0)$, 且 $u'_y(x_0, y_0) = -\beta = -v'_x(x_0, y_0)$.

“$\Leftarrow$” 上述过程可逆. 证毕.

定理 2.6 设函数 $f(z) = u + iv$ 在域 D 内有定义, $z_0 \in D$, 若 (1)u, v 的一阶偏导数在 z_0 点都连续; (2) u, v 在 z_0 点满足柯西-黎曼方程, 则 $f(z)$ 在 z_0 点可导.

证明 由条件 (1) 知 u, v 在 z_0 点都可微, 由定理 2.5 立得. 证毕.

定理 2.7 *$f(z)$ 在域 D 内解析的充分且必要条件为 (1)u, v 在域 D 内的一阶偏导数都连续;(2) u, v 在域 D 内处处满足柯西-黎曼方程.*

证明 由第三章的定理 3.11 知, 区域 D 上的解析函数 $f(z)$ 任意阶可导, 从而 $f'(z)$ 在区域 D 上连续, 故 u, v 在域 D 内的一阶偏导数都连续, 再结合定理 2.4、定理 2.6 得证.

例 2.11 设 $s = f(z)$ 在域 D 上有定义, $z \in D \subset C$, $s \in R$, 若 $f(z)$ 在 $z_0 \in D$ 可导, 则 $f'(z_0) = 0$.

证明 设 $f(z) = u + iv$, 则在 D 上, $v(x, y) \equiv 0$, 所以 $f'(z_0) = u_x + iv_x = 0$. 证毕.

例 2.12 若在区域 D 上有 $f'(z) \equiv 0$, 则 $f(z)$ 为常数.

证明 由 $f'(z) \equiv 0$ 可推知 $u'_x = 0$, $u'_y = 0$, $v'_x = 0$, $v'_y = 0$, 从而二元实函数 $u(x, y)$, $v(x, y)$ 恒为常数. 证毕.

例 2.13 利用柯西-黎曼判别法研究下列复变函数的可导性与解析性:

(1) $f(z) = \bar{z}$, (2) $f(z) = z + |z|^2$, (3) $f(z) = z\mathrm{Re}z$,

(4) $f(z) = z\mathrm{Im}z$, (5) $f(z) = x^2 - iy$, (6) $f(z) = e^x(\cos y + i\sin y)$.

解 选解几题.

(2) $f(z) = z + |z|^2 = z + z\bar{z}$, $\dfrac{\partial f}{\partial \bar{z}} = z$, 故仅在 $z = 0$ 处 $\dfrac{\partial f}{\partial \bar{z}} = 0$,又 u, v 的偏导数在 C 上处处连续, 所以 f 仅在 $z = 0$ 点可导, 在其他点都不可导. 从而 f 在 C 上处处不解析.

(5) 设 $u = x^2$, $v = -y$, 则 $u'_x = 2x$, $u'_y = 0$, $v'_x = 0$, $v'_y = -1$ 在 C 上连续, 又柯西-黎曼条件 $u'_x = v'_y$ 且 $u'_y = -v'_x$ 仅仅在直线 $x = -\dfrac{1}{2}$ 上成立, 故 f 仅在直线 $x = -\dfrac{1}{2}$ 上可导, 在其他点都不可导. 从而 f 在 C 上处处不解析.

(6) 设 $u = e^x \cos y$, $v = e^x \sin y$, 则 $u'_x = e^x \cos y$, $u'_y = -e^x \sin y$, $v'_x = e^x \sin y$, $v'_y = e^x \cos y$ 在 C 上连续, 又柯西-黎曼条件 $u'_x = v'_y$ 且 $u'_y = -v'_x$ 在 C 上成立, 故 f 在 C 上处处可导, 从而在 C 上解析. 有意思的是函数的导函数是其本身, $f'(z) = u'_x + iv'_x = e^x(\cos y + i\sin y)$.

例 2.14 设 $f(z)$ 在域 D 内解析, 且满足下列条件之一:

(1) $\mathrm{Re}f(z)$ 在域 D 内为常数, (2) $\mathrm{Im}f(z)$ 在域 D 内为常数, (3) $|f(z)|$ 在域 D 内为常数, (4) $\mathrm{Arg}\, f(z)$ 在域 D 内为常数, (5) $f(z)$ 在域 D 内恒取实数值, (6) $\overline{f(z)}$ 在域 D 内解析, (7) 在 D 内恒有 $u = v^2$, (8)$au + bv + c = 0$, 其中 a, b, c 为实常数, a, b 不全为零, 则 $f(z)$ 在域 D 内为常数.(留作思考题)

定理 2.8 *设 $f : D \to G$ 为从区域 D 到区域 G 的解析映射, 且 $f'(z) \neq 0$, $z \in D$, 则 $w = f(z)$ 保持相交曲线的夹角不变.(称为解析函数的保角性)*

证明 设 z 平面上相交于 z_0 点的曲线 $\gamma_j : z = \zeta_j(t)$, $t \in [0, 1]$, $j = 1, 2$. 在 $[0, 1]$ 上, $\zeta'_j(t)$ 连续, $\zeta'_j(t) \neq 0$, $\zeta_1(0) = \zeta_2(0) = z_0$. γ_j 在映射 $w = f(z)$ 下的像为 w 平面上曲线 $\Gamma_j : w = \sigma_j(t) = f(\zeta_j(t))$, $t \in [0, 1]$. 由复合函数求导法,

$$\sigma_j'(0) = f'(\zeta_j(0))\zeta_j'(0) = f'(z_0)\zeta_j'(0) \neq 0,$$

从而

$$\frac{\sigma_2'(0)}{\sigma_1'(0)} = \frac{\zeta_2'(0)}{\zeta_1'(0)},$$

所以,

$$\arg\frac{\sigma_2'(0)}{\sigma_1'(0)} = \arg\frac{\zeta_2'(0)}{\zeta_1'(0)}.$$

其中 $\zeta_j'(0)$ 表示曲线 γ_j 在 z_0 点的切向量, $\sigma_j'(0)$ 表示像曲线 Γ_j 在点 $w_0 = f(z_0)$的切向量, $\arg\frac{\zeta_2'(0)}{\zeta_1'(0)}$ 表示曲线 γ_1 与 γ_2在交点 z_0 的夹角, $\arg\frac{\sigma_2'(0)}{\sigma_1'(0)}$ 表示像曲线 Γ_1 与 Γ_2 在交点 w_0 的夹角. 所以在 z_0 点的任意两条相交曲线的夹角等于在映射 $w = f(z)$ 下的像曲线的夹角. 证毕.

2.3　初等单值解析函数

本节主要介绍指数函数和三角函数这两种单值的初等函数.

定义 2.7　定义 z 的指数函数为

$$e^z = e^x(\cos y + i\sin y), \text{其中} z = x + iy.$$

特别地, 当 $z = x$ 时, 上式即实数意义上的指数函数, 故复的指数函数推广了实的指数函数. 这里, e^z 仅仅是一个记号, 并无幂的含义, 也记为 $\exp\{z\}$. 取沿着实轴的两个路径 $z = x \to +\infty$, $z = x \to -\infty$ 可知极限 $\lim\limits_{z\to\infty} e^z$ 不存在.

指数函数的基本性质:

(1) 对于任意 $z \in C$, $e^z \neq 0$. 因为模 $|e^z| = e^x > 0$.

(2) 对于任意 z_1, $z_2 \in C$, 有 $e^{z_1+z_2} = e^{z_1}e^{z_2}$, $e^{z_1-z_2} = \frac{e^{z_1}}{e^{z_2}}$.

证明　根据复数相乘的指数表示

$$\begin{aligned} e^{z_1}e^{z_2} &= e^{x_1}e^{iy_1}e^{x_2}e^{iy_2} = e^{x_1}e^{x_2}e^{iy_1}e^{iy_2} = e^{x_1+x_2}e^{i(y_1+y_2)} \\ &= e^{x_1+x_2}[\cos(y_1+y_2) + i\sin(y_1+y_2)] = e^{(x_1+x_2)+i(y_1+y_2)} = e^{z_1+z_2}. \end{aligned}$$

证明第二式, 只要证明 $e^{z_1-z_2}e^{z_2} = e^{z_1}$, 由第一式显然.

(3) e^z 是以 $2\pi i$ 为周期的周期函数.

$$e^{z+2\pi i} = e^z e^{2\pi i} = e^z.$$

(4) e^z 在复平面 C 上解析且 $(e^z)' = e^z$.

例 2.15　复变函数的 Rolle 定理不成立, 反例: $f(z)=e^z$, $f(z)=f(z+2\pi i)$, 但 $f'(z)=e^z$.

例 2.16 对于任意的 $z \in C$, 有 $e^{z+w} = e^z$ 当且仅当 $w = 2k\pi i$, k 为整数.

证明 $e^{z+w} = e^z$ 即 $e^w = 1$, 故问题转化为证明 $e^w = 1$ 当且仅当 $w = 2k\pi i$.

“$\Leftarrow$” 显然.

“$\Rightarrow$” 令 $w = a + bi$, $a, b \in R$, 则 $e^a(\cos b + i \sin b) = 1$, 由复数三角表示的相等概念知, $e^a = 1$, $b = 2k\pi$, a 为实数, $a = 0$. 证毕.

定义 2.8 定义

正弦函数 $\sin z = \dfrac{e^{iz} - e^{-iz}}{2i}$, 余弦函数 $\cos z = \dfrac{e^{iz} + e^{-iz}}{2}$,

正切函数 $\tan z = \dfrac{\sin z}{\cos z}$, 余切函数 $\cot z = \dfrac{\cos z}{\sin z}$,

双曲正弦函数 $\sinh z = \dfrac{e^z - e^{-z}}{2}$, 双曲余弦函数 $\cosh z = \dfrac{e^z + e^{-z}}{2}$,

双曲正切函数 $\tanh z = \dfrac{\sinh z}{\cosh z}$, 双曲余切函数 $\coth z = \dfrac{\cosh z}{\sinh z}$.

显然上述函数推广了实的三角函数情形. 由正弦函数和余弦函数可知 $e^{iz} = \cos z + i \sin z$, 这推广了欧拉公式.

基本性质:

(1) $\sin z$、$\cos z$ 在复平面上解析且

$$(\sin z)' = \cos z, \quad (\cos z)' = -\sin z.$$

(2) $\sin z$ 为奇函数, $\cos z$ 为偶函数且复的三角恒等式在其定义域范围内都成立, 如

$$\sin\left(\frac{\pi}{2} - z\right) = \cos z,\ \cos\left(\frac{\pi}{2} - z\right) = \sin z, \sin^2 z + \cos^2 z = 1,$$
$$\sin(z_1 + z_2) = \sin z_1 \cos z_2 + \cos z_1 \sin z_2,$$
$$\cos(z_1 + z_2) = \cos z_1 \cos z_2 - \sin z_1 \sin z_2.$$

由最后两式可以推出和差化积公式, 积化和差公式. 这些恒等式无需证明, 因为在第三章有唯一性定理可以保证其正确性.

(3) $\sin z$ 和 $\cos z$ 以 2π 为周期, $\tan z$ 和 $\cot z$ 以 π 为周期.

(4) 在 C 上, $\sin z$ 和 $\cos z$ 的模无界.(取虚轴路径)

(5) $\sin z$ 的零点: $z = k\pi$, $k \in Z$, $\cos z$ 的零点: $z = k\pi + \pi/2$, $k \in Z$.

证明 $\sin z = 0$ 即 $e^{2zi} = 1$, 这等价于 $2zi = 2k\pi i$, 即 $z = k\pi$, $k \in Z$.

由 $\sin\left(\dfrac{\pi}{2} - z\right) = \cos z = 0$ 知 $\dfrac{\pi}{2} - z = -k\pi$, k 为整数. 立即得 $z = k\pi + \pi/2$.

例 2.17 (1) 对任意的 $z \in C$, 有 $\sin(z + w) = \sin z$ 当且仅当 $w = 2k\pi$, $k \in Z$;

(2) 对任意的 $z \in C$, 有 $\tan(z + w) = \tan z$ 当且仅当 $w = k\pi$, $k \in Z$.

证明 (1) $\sin(z + w) - \sin z = 0$, 由和差化积公式, $2 \sin \dfrac{w}{2} \cos\left(z + \dfrac{w}{2}\right) = 0$, $\forall z \in C$. 对

于 w, 总可取 $z \in C$, 使得 $\cos\left(z+\dfrac{w}{2}\right) \neq 0$, 故 $\sin\dfrac{w}{2}=0$, 即得 $w=2k\pi$, $k \in Z$.

(2) 由 $\dfrac{\sin(z+w)}{\cos(z+w)}=\dfrac{\sin z}{\cos z}$ 得

$$\sin w=\sin((z+w)-z)=\sin(z+w)\cos z-\cos(z+w)\sin z=0.$$

即得 $w=k\pi$, $k \in Z$.

2.4　初等多值解析函数

本节主要介绍根式函数和对数函数这两种多值的初等函数.

定义 2.9　设 $f(z)$ 在域 D 内有定义, 若 $f: D \to G$ 为单射, $f(D) \subset G$, 则称 $f(z)$ 为 D 上的单叶函数,D 为 $f(z)$ 的单叶性区域.

下面通过研究幂函数的单叶性区域确定根式函数 $w_k=(\sqrt[n]{z})_k$, 整数 $n \geqslant 2$,($k=0, 1, \cdots, n-1$) 的单值解析分支, 包括每个分支的定义域、值域的划分, 每个分支函数值的计算.

(1) 幂函数 $z=w^n$ 的单叶性区域

$z=w^n$ 将扩充 w 平面映射为扩充 z 平面, 但不单叶, 可以把 w 平面分成若干小块, 使得 $z=w^n$ 在每小块上单叶, 且将每小块双射映入 z 平面. 令 $z=re^{i\theta}$, $w=\rho e^{i\varphi}$ 代入 $z=w^n$ 得 $r=\rho^n$, $\theta=n\varphi$. 映射 $z=w^n$ 将 w 平面上区域 $T_0: -\dfrac{\pi}{n}<\varphi<\dfrac{\pi}{n}$ 单叶地映射为 z 平面上割去负实轴及原点后剩下的区域 D. 见图 2.5.

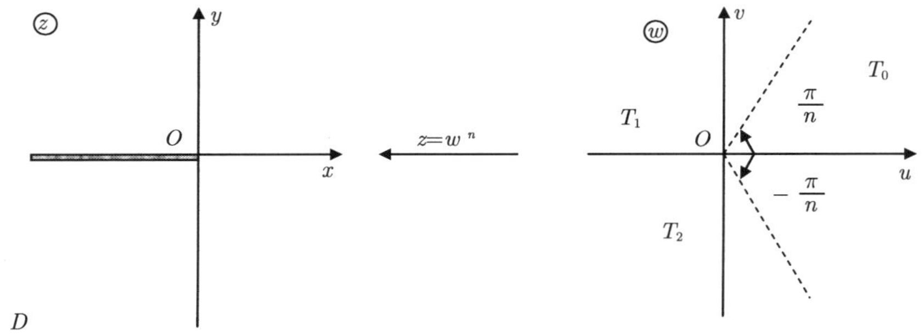

图 2.5

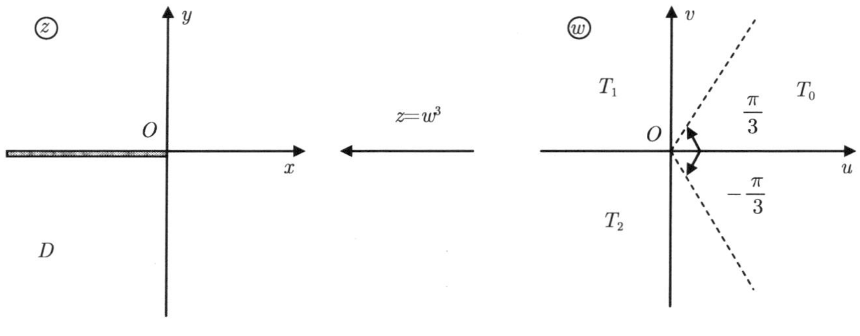

图 2.6

一般地, w 平面上角形区域 T_k : $-\frac{\pi}{n}+\frac{2k\pi}{n}<\varphi<\frac{\pi}{n}+\frac{2k\pi}{n}$, $k=0,1,2,\cdots,n-1$, 为函数 $z=w^n$ 的单叶性区域, 这也是便于计算的标准角形区域. 以 $n=3$ 为例, T_0,T_1,T_2 为 $z=w^3$ 的单叶性区域, 见图 2.6.

当然, 这种单叶性区域的划分不是唯一的, 但有共同的特征: $z=w^n$ 的单叶性区域上模相等的任何两点的辐角之差 $<\frac{2\pi}{n}$, 可以证明: w 平面上区域 T 为函数 $z=w^n$ 的单叶性区域的充分且必要条件为对于任意的 $w_1\in T$, 满足条件$\arg w_2=\arg w_1+\frac{2k\pi}{n}(k=1,\cdots,n-1)$ 且 $|w_1|=|w_2|$ 的点 $w_2\notin T$.

(2) 分出 $w=\sqrt[n]{z}$ 单值解析分支

分支函数 $w_k=(\sqrt[n]{z})_k$, $k=0,1,\cdots,n-1$, 把区域 D 双射地映到 T_k. 取定 $z_0\in D$, 若像点 $w_0\in T_{k_0}$, 则 $k=k_0$ 或由公式

$$w=\sqrt[n]{|z|}\,e^{i\frac{\theta+2k\pi}{n}}$$

也可确定 $k=k_0$ 的值. 应用公式 $w=\sqrt[n]{|z|}\,e^{i\frac{\theta+2k_0\pi}{n}}$ 可确定:对于任意的 $z'\in D$, 在此分支下的函数值 w' 一定也在同一个区域 T_{k_0} 里, w' 不会跑到 T_{k_0} 以外的其他区域 T_k 上去, 见图 2.7.

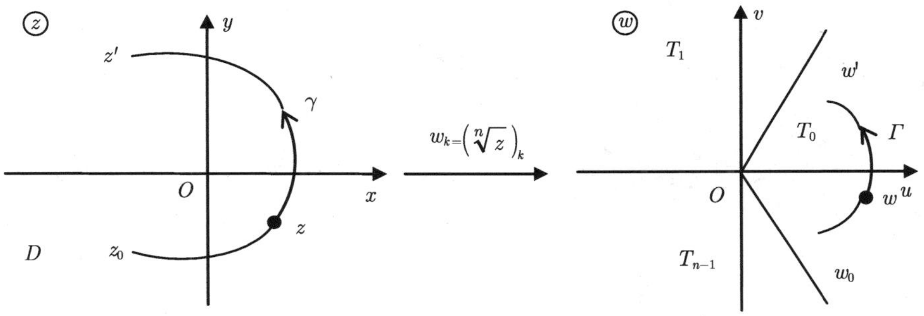

图 2.7

已知 $z_0\in D$, 指定 z_0 的辐角值及其像点 w_0 的辐角值 $\arg w_0$, 对于另一点 $z'\in D$, 作弧 γ 连接 z_0,z', 当动点 z 沿着此弧从起点跑到终点 z' 时, 辐角改变量为 $\Delta_\gamma\arg z$, 则相应地, 沿着 γ 的像曲线 $\varGamma$, 动点 w 从起点 w_0 跑到终点 w', 辐角改变量应为 $\frac{1}{n}\Delta_\gamma\arg z$, 欲计算 w', 因为模 $\sqrt[n]{|z'|}$ 固定, 只要计算 w' 的辐角, 即 w_0 辐角加上辐角改变量 $\frac{1}{n}\Delta_\gamma\arg z$, 故得到计算公式:

$$\begin{aligned}w'=\sqrt[n]{|\ z'\ |}e^{i\arg w'}&=\sqrt[n]{|z'|}e^{i\arg w_0}e^{i\Delta_\varGamma\arg w}\\&=\sqrt[n]{|z'|}e^{i\arg w_0}e^{i\frac{\Delta_\gamma\arg z}{n}}.\end{aligned}$$

因为 $0<\Delta_\gamma\arg z<2\pi$, $0<\frac{1}{n}\Delta_\gamma\arg z<\frac{2\pi}{n}$, 所以 $|\arg w-\arg w'|<\frac{2\pi}{n}$, 从而$w'$ 一定与 w_0 位

于同一个区域 T_k 中.

若在函数的定义域里不割破 z 平面, 则过 z_0 的一条简单闭曲线 γ' 可以包围原点, 当动点从 z_0 出发沿着曲线 γ' 绕行一周, 二周,$\cdots$, k 周又回到 z_0 点时, 辐角改变量 $\Delta \arg z$ 为 $2\pi, 4\pi, \cdots, 2k\pi$. 像动点 w 在 w 平面上画出 1 条, 2 条,... k 条首尾相连的曲线段, 当 $k=n$ 时, 正好为一条闭曲线, 它跨越了所有的函数分支, 见图 2.8. 这样 n 个函数分支不能独立, 此时原点 $z=0$ 称为多值函数 $w=\sqrt[n]{z}$ 的支点, 同样地, 当沿着以 $z=0$ 为中心, 半径充分大的圆周绕行一周时, 函数值 $\sqrt[n]{z}$ 也从一支跳到另一支, 故 $z=\infty$ 也为多值函数 $w=\sqrt[n]{z}$ 的一个支点. 用来割破 z 平面, 借以分出单值解析分支的连接支点的简单曲线, 称为多值函数的割线. 例如: $w=\sqrt[n]{z-a}$ 支点为 $z=a$ 和 $z=\infty$, 割线为连接 a,∞ 的任意一条简单曲线. 当然 $w=\sqrt[n]{z}$ 可以在区域 $\{|z-1|<1\}$ 直接分出单值解析分支 (在区域内不存在包围原点 O 和 ∞ 的闭曲线). 由柯西-黎曼条件判别法可证在区域 D 上 $w_k=(\sqrt[n]{z})_k$ 解析且

$$\frac{d}{dz}(\sqrt[n]{z})_k=\frac{1}{n}\frac{(\sqrt[n]{z})_k}{z}, k=0, 1, \cdots, n-1.$$

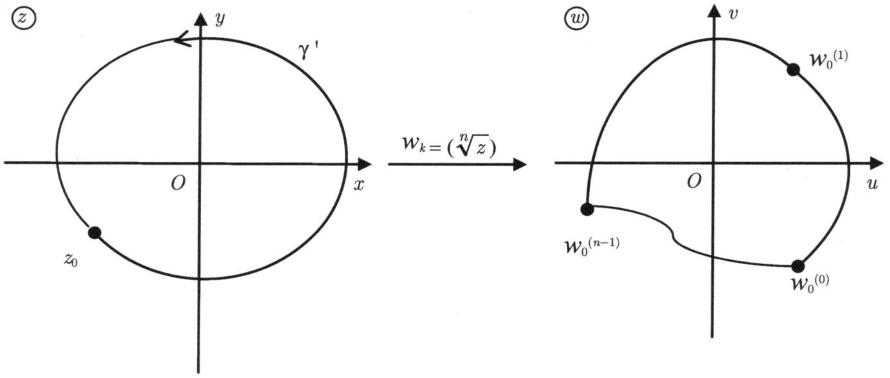

图 2.8

例 2.18　设 $w=\sqrt[3]{z}$ 确定在从原点起割破负实轴的 z 平面上, 已知 $w(i)=-i$, 求 $w(-i)$ 值.

解　**方法一**　$w(i)=-i\in T_2$, 所以 $k=2$

用公式 $w'=\sqrt[3]{|z'|}\,e^{i\frac{\arg z'+2k\pi}{3}}=e^{i\frac{-\pi/2+4\pi}{3}}=-e^{i\frac{\pi}{6}}$.

方法二

$$\begin{aligned}w'&=\sqrt[3]{|z'|}e^{i\arg w_0}e^{i\frac{\Delta_\gamma \arg z}{3}}=1\cdot e^{i(-\pi/2)}e^{i\frac{-\pi}{3}}\\&=e^{-\frac{5\pi}{6}i}=-e^{\pi i}e^{-\frac{5\pi}{6}i}=-e^{\frac{\pi}{6}i}.\end{aligned}$$

例 2.19　设 $w=\sqrt[3]{z(1-z)}$, 在分出单值解析分支后, 求在 $z=2$ 取负值的那个分支在 $z=i$ 点的值.

解 $f(2)<0$, 故 $\arg f(2)=\pi$.

所以,

$$\begin{aligned}\Delta_\gamma \arg f(z) &= \frac{1}{3}\{\Delta_\gamma \arg z+\Delta_\gamma \arg(1-z)\}\\ &= \frac{1}{3}\{\frac{\pi}{2}+\frac{3\pi}{4}\}=\frac{5}{12}\pi,\end{aligned}$$

所以,

$$\begin{aligned}f(i) &= |f(i)|e^{i\Delta_\gamma \arg f(z)}\cdot e^{i\arg f(2)}\\ &= \sqrt[3]{|i(1-i)|}\,e^{\frac{5}{12}\pi i}e^{\pi i}=-\sqrt[6]{2}\,e^{\frac{5\pi}{12}i}.\end{aligned}$$

下面通过研究指数函数的单叶性区域确定对数函数的的单值解析分支, 包括每个分支的定义域、值域的划分, 每个分支函数值的计算.

定义 2.10 若 $z=e^w$, $z\neq 0,\infty$, 则称 w 为 z 的对数函数, 记为 $w=Ln\,z$.

因为 $e^w\neq 0$, 故 $z\neq 0$; 又因为 $\lim\limits_{w\to\infty} e^w$ 不存在, 故 $z\neq\infty$. 令 $z=re^{i\theta}$, $w=u+iv$, 则得到

$$Ln_k\, z=\ln|z|+i(\arg z+2k\pi), k\text{为整数}.$$

其中 $\ln z=\ln|z|+i\arg z$, $-\pi<\arg z\leqslant\pi$, 称为 $Ln\,z$ 的主值支.

对数函数的基本性质 (用定义 2.10 可证): 设 $z_1,z_2\neq 0,\infty$, 则

$$Ln(z_1z_2)=Ln\,z_1+Ln\,z_2,\ \ Ln\left(\frac{z_1}{z_2}\right)=Ln\,z_1-Ln\,z_2.$$

(1) 指数函数 $z=e^w$ 的单叶性区域

令 $z=re^{i\theta}$, $w=u+iv$ 代入 $z=e^w$ 得 $r=e^u$, $\theta=v$. 映射 $z=e^w$ 将 w 平面上带形区域 $B_0:-\pi<v<\pi$ 单叶地映射为 z 平面上割去负实轴及原点后剩下的区域 D. 一般地, w 平面上带形区域 $B_k:\ -\pi+2k\pi<v<\pi+2k\pi$, $k\in Z$, 为函数 $z=e^w$ 的单叶性区域, 映射 $z=e^w$ 把每个 B_k 一一映射为 z 平面上区域 D. 见图 2.9.

当然, 这种单叶性区域的划分不是唯一的, 指数函数 $z=e^w$ 的单叶性区域是 w 平面上宽度为 2π 的带形区域. 可以证明: w 平面上区域 B 为函数 $z=e^w$ 的单叶性区域的充分且必要条件为对于任意的 $w_1=u_1+iv_1\in B$, 满足条件 $v_2=v_1+2k\pi$, $(k\in Z)$ 且 $u_1=u_2$ 的点 $w_2=u_2+iv_2\notin B$.

(2) 分出对数函数 $w=Ln\,z$ 的单值解析分支.

在区域 D 上, 对于固定的整数 k, 函数 $w=Ln_k\,z=\ln|z|+i(\arg z+2k\pi)$ 把区域 D 双射地映入 w 平面上区域 B_k. 取定 $z_0\in D$, 若像点 $w_0=u_0+iv_0\in B_{k_0}$, 则由公式

$$w=\ln|z|+i(\arg z+2k_0\pi)$$

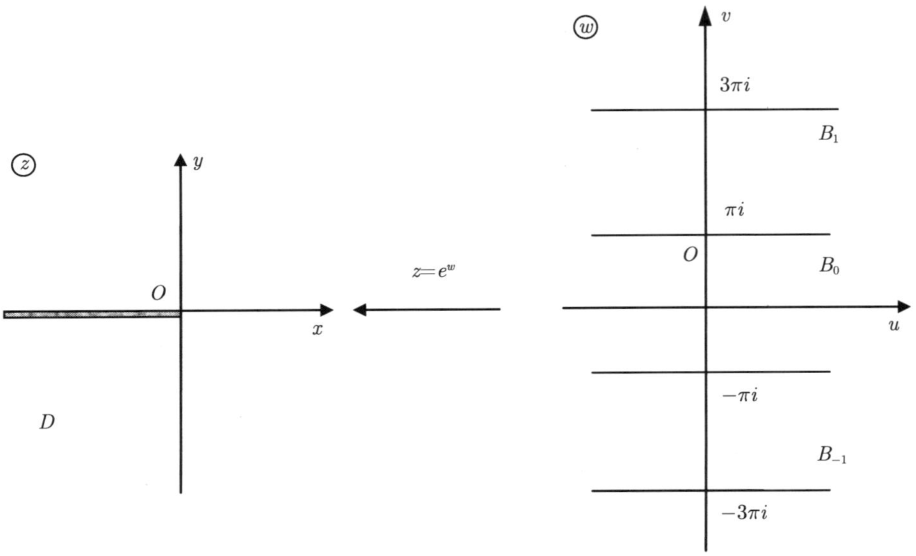

图 2.9

可以计算出区域 D 上任一点 z' 的像点 w', 且 $w' \in B_{k_0}$. 已知 $z_0 \in D$, $w_0 \in B_{k_0}$, 欲计算点 $z' \in D$ 的像点 w' 的计算公式如下:

$$\begin{aligned} w' = u' + iv' &= \ln|z'| + i\mathrm{Arg}z' = \ln|z'| + iv_0 + i\Delta_\Gamma v \\ &= \ln|z'| + iv_0 + i\Delta_\gamma \arg z. \end{aligned}$$

因为 $0 < |\Delta_\gamma \arg z| < 2\pi$, 故 $|v' - v_0| < 2\pi$, 由此可知 w' 一定在 B_{k_0} 中. 见图 2.10.

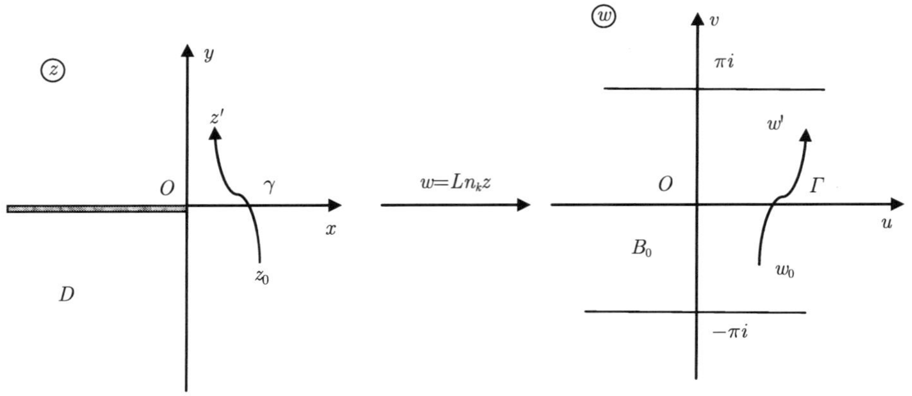

图 2.10

类似的讨论可知, $z = 0$ 和 $z = \infty$ 为多值函数 $w = Ln\,z$ 的两个支点, 由柯西-黎曼条件判别法可证在区域 D 上 $w = Ln_k z$ 解析且 $\dfrac{d}{dz}Ln_k z = \dfrac{1}{z}$.

在本书中略去了一般幂函数和一般指数函数的讨论, 有兴趣的读者可以参看庄先生的书.

习 题 2

1. 函数 $w=\dfrac{1}{z}$ 把下列 z 平面上的曲线映射成 w 平面上怎样的曲线?

(1) $x^2+y^2=9$;　　(2) $y=x$;

(3) $x=1$;　　(4) $x^2+2x-1+y^2=0$.

2. 对于映射 $w=z+\dfrac{1}{z}$, 求出圆周 $|z|=2$ 的像.

3. 在映射 $w=z^2$ 下, 下列 z 平面上的图形映射为 w 平面上的什么图形?

(1) $0<r<2,\theta=\dfrac{\pi}{4}$;　　(2) $0<r<2,0<\theta<\dfrac{\pi}{4}$.

4. 试证:$f(z)=\arg z$ 在原点与负实轴上不连续, 其中 $-\pi<\arg z\leqslant\pi$.

5. 如果 $f(z)$ 在 z_0 连续, 证明: 函数 $\overline{f(z)}$, $\mathrm{Re}f(z),\mathrm{Im}f(z)$ 都在 z_0 处连续.

6. 根据导数的定义, 讨论下列函数的可导性.

(1) $f(z)=\dfrac{1}{z}$;　　(2)$f(z)=\mathrm{Re}z$.

7. 若 $f(z)$ 及 $g(z)$ 在 z_0 点解析, 且 $f(z_0)=g(z_0)=0$, $g'(z_0)\neq 0$,

证明: $\lim\limits_{z\to z_0}\dfrac{f(z)}{g(z)}=\dfrac{f'(z_0)}{g'(z_0)}$.

并由此求极限 $\lim\limits_{z\to 0}\dfrac{\sin z}{z}$ 及 $\lim\limits_{z\to 0}\dfrac{e^z-1}{z}$.

8. 指出下列函数的解析区域和奇点, 并求出可导点的导数.

(1) $(z-1)^5$;　　(2) z^3+2iz ;

(3) $\dfrac{1}{z^2+1}$;　　(4) $z+\dfrac{1}{z+3}$.

9. 证明: 函数 $f(z)=\sqrt{|xy|}$ 在 $z=0$ 处满足柯西 - 黎曼条件, 但在 $z=0$ 处 f 不可导.

10. 讨论下列函数的可导性, 解析性, 并求出可导点的导数.

(1) $f(z)=xy^2+x^2yi$;　　(2) $f(z)=x^2+y^2i$;

(3) $f(z)=x^3-3xy^2+i(3x^2y-y^3)$;　　(4) $f(z)=\dfrac{1}{\bar{z}}$.

11. 证明: 函数 $w=\dfrac{x}{x^2+y^2}-i\dfrac{y}{x^2+y^2}$ 在 $z\neq 0$ 时处处解析, 并求其导数.

12. 设函数 $f(z)=my^3+nx^2y+i(x^3+lxy^2)$ 为解析函数, 试确定常数 l,m,n 的值.

13. 设 $f(z)=a\ln(x^2+y^2)+i\arctan\dfrac{y}{x}$ 在 $x>0$ 时解析, 试确定 a 的值.

14. 若函数 $f(z)=u+iv$ 在区域 D 内解析, 并满足下列条件之一:

(1) $f'(z)\equiv 0$;　　(2) $\overline{f(z)}$ 在 D 内解析;

(3) $\mathrm{Re}f(z)\equiv$ 常数;　　(4) $\mathrm{Im}f(z)\equiv$ 常数;

(5) $|f(z)|\equiv$ 常数;　　(6) $v=u^2$;

(7) $au+bv=c(a,b,c$ 为实常数, a,b 不全为零).

试证: $f(z)$ 在区域 D 内为常数.

15. 设 $f(z)$ 在区域 D 内解析, 试证 $\left(\dfrac{\partial^2}{\partial x^2}+\dfrac{\partial^2}{\partial y^2}\right)|f(z)|^2=4|f'(z)|^2$.

16. 设 $f(z)$ 在上半平面内解析, 证明函数 $\overline{f(\overline{z})}$ 在下半平面内解析.

17. 求模 $|e^{z^2}|$ 和辐角 $\mathrm{Arg}\, e^{z^2}$.

18. 计算下列各式的值.

(1) $e^{-\frac{\pi}{2}i}$;　　(2) $\cos i$;

(3) $Ln(1+i)$;　　(4) $(1+i)^i$.

19. 求解下列方程

(1) $e^z=1+\sqrt{3}i$;　　(2) $\ln z=3+i$;

(3) $\sin z+\cos z=0$;　　(4) $\mathrm{ch}z=0$.

20. 证明下列各等式.

(1) $\sin(iz)=i\mathrm{ch}z$;　　(2)$\mathrm{ch}(iz)=\cos z$;

(3) $\mathrm{ch}^2z-\mathrm{sh}^2z=1$;　　(4) $\mathrm{ch}2z=\mathrm{sh}^2z+\mathrm{ch}^2z$;

(5) $\mathrm{sh}(z_1+z_2)=\mathrm{sh}z_1\mathrm{ch}z_2+\mathrm{ch}z_1\mathrm{sh}z_2$.

21. 试讨论当 $z=x+iy$ 如何取值时, $|\sin(x+iy)|$ 和 $|\cos(x+iy)|$ 都趋于无穷大.

22. 设 $w=\sqrt[3]{z}$ 确定在从原点 $z=0$ 起沿正实轴割破了的 z 平面上且 $w(i)=-i$, 试求 $w(-i)$ 之值.

23. 设 $w=\sqrt[3]{z}$ 确定在从原点 $z=0$ 起沿负实轴割破了的 z 平面上且 $w(-2)=-\sqrt[3]{2}$, 试求 $w(i)$ 之值.

24. 设 $w=\sqrt[5]{z}$ 确定在从原点 $z=0$ 起沿负实轴割破了的 z 平面上且 $w(-1)=-1$, 试求 $w(1-i)$ 之值.

25. 试证:$f(z)=\sqrt{z(1-z)}$ 在割去线段 $0\leqslant \mathrm{Re}z\leqslant 1$ 的 z 平面内能分出两个单值解析分支, 并求出支割线 $0\leqslant \mathrm{Re}z\leqslant 1$ 上岸取正值的那支在 $z=-1$ 的值.

26. 试求函数

$$w=\sqrt[3]{\frac{(z+1)(z-1)(z-2)}{z}}$$

当 $z=3$ 时 $w>0$ 的那一个分支在 $z=i$ 处的值.

第 3 章　柯西积分定理和柯西积分公式

3.1　复积分的定义与性质

定义 3.1　设有向曲线 $\gamma: z = z(t), t \in [\alpha, \beta], a = z(\alpha)$ 为起点, $b = z(\beta)$ 为终点, 函数 $f(z)$ 在曲线 γ 上有定义, 对曲线 γ 做分割 T:

$$T: \ a = z_0, z_1, \cdots\cdots, z_n = b$$

将 γ 划分为 n 个以 z_{k-1} 为起点, 以 z_k 为终点的小有向弧 γ_k, 任取介点 $\zeta_k \in \gamma_k, \Delta z_k = z_k - z_{k-1}, k = 1, 2, \cdots, n$, 做和 $S_n = \sum_{k=1}^{n} f(\zeta_k) \Delta z_k$, 记分割细度 $\|T\| = \max\{|\gamma_k|\}, |\gamma_k|$ 表示 γ_k 的长度, 若极限

$$\lim_{\|T\| \to 0} \sum_{k=1}^{n} f(\zeta_k) \Delta z_k$$

存在且极限值与分割 T 及介点 ζ_k 的取法无关, 则称 $f(z)$ 沿着曲线 γ 可积, 极限值称为 $f(z)$ 沿 γ 的积分, 记为

$$\int_{\gamma} f(z) dz,$$

其中 $f(z) dz$ 称为被积表达式, $f(z)$ 称为被积函数, z 称为积分变量, γ 称为积分曲线. 如果 γ 为闭曲线, 则积分记为 $\oint_{\gamma} f(z) dz$.

复积分一般不仅与积分曲线的起点、终点有关, 而且也与具体的路径有关. 设 γ^- 为路径与 γ 相同, 但起点、终点与 γ 相反的有向曲线, 由定义 3.1 可知

$$\int_{\gamma^-} f(z) dz = -\int_{\gamma} f(z) dz.$$

采用类似于实分析中黎曼定积分的证明方法, 可证: 若 $f(z)$ 沿着 γ 可积, 则 $f(z)$ 在 γ 上有界. 复积分对于积分中值定理不成立, 反例: 对于任意的 $\theta \in [0, \ 2\pi]$, 有

$$\int_0^{2\pi} e^{i\theta} d\theta = \int_0^{2\pi} \cos\theta d\theta + i \int_0^{2\pi} \sin\theta d\theta = 0 \neq e^{i\theta}(2\pi - 0).$$

定理 3.1　若 $f(z) = u + iv$ 在有向曲线 γ 上连续, 则 $f(z)$ 沿 γ 可积, 且

$$\int_{\gamma} f(z) dz = \int_{\gamma} u dx - v dy + i \int_{\gamma} v dx + u dy.$$

证明　设 $\zeta_k=\xi_k+i\eta_k, u(\xi_k,\eta_k)=u_k$, $v(\xi_k,\eta_k)=v_k$, 则

$$\begin{aligned}S_n&=\sum_{k=1}^{n}f(\zeta_k)\Delta z_k\\&=\sum_{k=1}^{n}(u_k+iv_k)(\Delta x_k+i\Delta y_k)\\&=\sum_{k=1}^{n}(u_k\Delta x_k-v_k\Delta y_k)+i\sum_{k=1}^{n}(u_k\Delta y_k+v_k\Delta x_k),\end{aligned}$$

由于是 u,v 连续的, 故当 $\|T\|\to 0$ 时, 上式趋向于积分

$$\int_\gamma udx-vdy+i\int_\gamma vdx+udy,$$

由定义 3.1, 证毕.

定理 3.1 提供了判别复变函数可积的一个非常方便的条件: 只要函数的实部和虚部都在曲线上连续. 而且积分值可以化为两个实的第二类的曲线积分, 计算复积分在大多数情况下还有更加简便的方法, 即为下述的参数法. 设有向曲线 $\gamma: z(t)=x(t)+iy(t), t\in[\alpha,\beta]$ 为光滑曲线, $f(z)$ 在 γ 上连续, 则

$$\begin{aligned}\int_\gamma f(z)dz&=\int_\gamma udx-vdy+i\int_\gamma vdx+udy\\&=\int_\alpha^\beta[u(x(t),y(t))x'(t)-v(x(t),y(t))y'(t)]dt\\&\quad+i\int_\alpha^\beta[u(x(t),y(t))y'(t)+v(x(t),y(t))x'(t)]dt\\&=\int_\alpha^\beta[u(x(t),y(t))+iv(x(t),y(t))](x'(t)+iy'(t))dt\\&=\int_\alpha^\beta f(z(t))z'(t)dt.\end{aligned}$$

这实际上是一个换元法.

例 3.1　设光滑的有向曲线$\gamma: z(t)=x(t)+iy(t), t\in[\alpha,\beta]$, 起点 $z(\alpha)=a$, 终点 $z(\beta)=b$, 则 $\int_\gamma zdz=\frac{1}{2}(b^2-a^2)$.

证明　用定义 3.1 也可证明这个结论. 这里采取的是参数法.

$$\begin{aligned}\int_\gamma zdz&=\int_\alpha^\beta(xdx-ydy)+i(xdy+ydx)\\&=\int_\alpha^\beta\frac{1}{2}(dx^2-dy^2)+id(xy)\\&=\frac{1}{2}(x^2-y^2+2ixy)\Big|_\alpha^\beta=\frac{1}{2}(z^2(\beta)-z^2(\alpha))\end{aligned}$$

$$=\frac{1}{2}\left(b^2-a^2\right).$$

应用定义法求积分只适用于少量简单的函数, 对于一般的函数, 上述参数法适用面要广泛得多. 注意到例 3.1 的结论与积分路径无关, 只与曲线的起点终点有关. 若有向曲线 γ 为闭曲线, 则由例 3.1 知 $\oint_\gamma zdz=0$. 究竟什么样的函数的积分与积分路径无关或闭曲线上函数的积分为 0, 在本章第二节柯西积分定理及以后有充分的论述.

例 3.2 证明积分 $\oint_\gamma \frac{dz}{(z-a)^n}=\begin{cases}2\pi i, & n=1\\ 0, & n\neq 1\end{cases}$, 其中 n 为整数, γ 为逆时针圆周 $|z-a|=r, r>0$.

证明 设 γ 的参数表示为 $z=a+re^{i\theta}, 0\leqslant\theta\leqslant 2\pi$, 代入积分得

$$\begin{aligned}\oint_\gamma \frac{dz}{(z-a)^n}&=\int_0^{2\pi}\frac{re^{i\theta}id\theta}{r^ne^{in\theta}}\\&=r^{1-n}i\int_0^{2\pi}e^{i(1-n)\theta}d\theta\\&=\begin{cases}2\pi i, & n=1\\ 0, & n\neq 1\end{cases}.\end{aligned}$$

例 3.2 的结论非常重要, 后面还有进一步的推广和应用.

复积分的基本性质:

设 $f(z)$、$g(z)$ 在按段光滑有向曲线 γ 上连续, 则

(1) 线性性质

$\int_\gamma (kf(z)+l\,g(z))\,dz=k\int_\gamma f(z)\,dz+l\int_\gamma g(z)\,dz, k, l$ 为常数.

(2) 可加性

$\int_\gamma f(z)\,dz=\int_{\gamma_1} f(z)\,dz+\int_{\gamma_2} f(z)\,dz, \gamma=\gamma_1+\gamma_2, \gamma_1, \gamma_2$ 至多端点重合.

(3) $\left|\int_\gamma f(z)\,dz\right|\leqslant\int_\gamma |f(z)|\,|dz|$, 其中 $|dz|=\sqrt{(dx)^2+(dy)^2}=ds$ 即为弧长微分.

证明 $\left|\sum_{k=1}^n f(\zeta_k)\,\Delta z_k\right|\leqslant\sum_{k=1}^n |f(\zeta_k)|\,|\Delta z_k|\leqslant\sum_{k=1}^n |f(\zeta_k)|\Delta s_k$, 取极限即得证.

(4) (估值定理) 设 $f(z)$ 沿 γ 连续, 对于 $z\in\gamma, |f(z)|\leqslant M$, L 为 γ 的长度, 则

$$\left|\int_\gamma f(z)\,dz\right|\leqslant ML.$$

证明 $\left|\sum_{k=1}^n f(\zeta_k)\,\Delta z_k\right|\leqslant\sum_{k=1}^n |f(\zeta_k)|\,|\Delta z_k|\leqslant M\sum_{k=1}^n |\Delta z_k|\leqslant ML$, 取极限即得证.

上述积分性质 (1)(2) 用定义 3.1 易于证明.

例 3.3　计算积分 $\int_{L_j} \bar{z}dz, L_j$ 分别为以 0 为起点、以 1 为终点的有向线段, 以 1 为起点、以 $1+i$ 为终点的有向线段, 以 0 为起点、以 $1+i$ 为终点的有向线段, $j=1,2,3$.

解　采用参数法. $L_1: z(t)=t,\ 0\leqslant t\leqslant 1, dz=dt$.

$$L_2: z(t)=1+ti, 0\leqslant t\leqslant 1,\ dz=idt.$$

$$L_3: z(t)=(1+i)t, 0\leqslant t\leqslant 1,\ dz=(1+i)dt.$$

所以,

$$\int_{L_1}\bar{z}dz=\int_0^1 tdt=\frac{1}{2}.$$

$$\int_{L_2}\bar{z}dz=\int_0^1(1-ti)idt=\int_0^1(i+t)dt=i+\frac{1}{2}.$$

$$\int_{L_3}\bar{z}dz=\int_0^1(1-i)t(1+i)dt=\int_0^1 2tdt=1.$$

发现 $\int_{L_1}\bar{z}dz+\int_{L_2}\bar{z}dz=i+1\neq 1=\int_{L_3}\bar{z}dz$, 表明同样是起点 0、终点 $1+i$ 的两个不同路径下的积分不等, 此时被积函数 $f(z)=\bar{z}$ 处处不解析.

3.2　柯西积分定理

定理 3.2　*设 $f(z)$ 在区域 D 上连续, 则对于 D 内任意一条按段光滑有向曲线 L, 积分 $\int_L f(z)dz$ 与积分路径无关, 只与曲线 L 的起点、终点有关的充分且必要条件是对于 D 内任意一条按段光滑闭曲线 γ, 有 $\oint_\gamma f(z)dz=0$.*

证明　只要利用积分的可加性即可. 证毕.

1825 年, 柯西提出了下列柯西积分定理, 直到 1900 年古莎 (Goursat) 给出了完整的证明, 后来有 Artin 的证明 (参看 Serge Lang. 1985. Complex Analysis. New York: Springer-Verlag), 1979 年 R.Vybory 用代数拓扑的方法给出了一个最短的证明 (参看 1979 年的*American Mathematical Monthly* 杂志).

定理 3.3　*设 $f(z)$ 在单连通区域 D 上解析, γ 为 D 内任意一条围线, 则 $\oint_\gamma f(z)dz=0$.*

证明　分为三个阶段.

第一阶段. γ 为 D 内任意三角形 Δ, 设 $\left|\oint_\Delta f(z)dz=0\right|=M$, 欲证 $M=0$.

将三角形 Δ 的每一边中点连接, 将 Δ 分成 4 个完全全等三角形, 边界为 $\Delta_1,\Delta_2,\Delta_3,\Delta_4$. 设 5 条闭曲线 Δ,Δ_j 均为逆时针方向, 由积分性质知:

$$\oint_\Delta f(z)dz=\oint_{\Delta_1}f(z)dz+\oint_{\Delta_2}f(z)dz$$

$$+\oint_{\Delta_3} f(z)\,dz+\oint_{\Delta_4} f(z)\,dz,$$

由$M=\left|\oint_{\Delta_4} f(z)\,dz\right| \leqslant \sum_{j=1}^{4}\left|\oint_{\Delta_j} f(z)\,dz\right|$ 知, 至少存在一个小三角形, 不妨设为 Δ_1, 记为 $\Delta^{(1)}$, 使得 $\left|\oint_{\Delta^{(1)}} f(z)\,dz\right| \geqslant \frac{M}{4}$. 如此类推, 将 $\Delta^{(1)}$ 分成 4 个完全全等小三角形, 其中一个小三角形, 边界曲线记为 $\Delta^{(2)}$, 使得 $\left|\oint_{\Delta^{(2)}} f(z)\,dz\right| \geqslant \frac{M}{4^2}$. 这样, 得到一个边界为 $\Delta=\Delta^{(0)},\Delta^{(1)},\cdots,\Delta^{(n)},\cdots$, 的三角形序列, 其中一个套着后面一个, 且

$$\left|\oint_{\Delta^{(n)}} f(z)\,dz\right| \geqslant \frac{M}{4^n}, n=0,1,2,\cdots.$$

用 U 表示边界曲线 Δ 的长度, 则 $\Delta^{(n)}$ 的长度为 $\frac{U}{2^n}$, 由闭集套定理, 存在唯一一点 z_0 属于所有边界为 $\Delta^{(n)}$ 的三角形, $z_0\in D$, 由 $f(z)$ 在 z_0 解析得到, 对于任意的 $\varepsilon>0$, 存在 $\delta>0$, 当 $0<|z-z_0|<\delta$ 时, 有

$$\left|\frac{f(z)-f(z_0)}{z-z_0}-f'(z_0)\right|<\varepsilon.$$

从而,

$$|f(z)-f(z_0)-f'(z_0)(z-z_0)| \leqslant \varepsilon|z-z_0|$$

在 $z\in U(z_0,\delta)$ 内成立. 设 n 充分大, 使得 $\Delta^{(n)}$ 位于 $U(z_0,\delta)$ 内.

由 $\oint_{\Delta^{(n)}} 1\cdot dz=0, \oint_{\Delta^{(n)}} zdz=0$ 知,

$$\oint_{\Delta^{(n)}} f(z)\,dz=\oint_{\Delta^{(n)}}\{f(z)-f(z_0)-f'(z_0)(z-z_0)\}\,dz.$$

因为 z_0 位于 $\Delta^{(n)}$ 内部当 $z\in\Delta^{(n)}$ 时, 有

$$|f(z)-f(z_0)-f'(z_0)(z-z_0)| \leqslant \varepsilon|z-z_0| \leqslant \varepsilon\frac{U}{2^n}.$$

应用估值定理, 得

$$\frac{M}{4^n} \leqslant \left|\oint_{\Delta^{(n)}} f(z)\,dz\right| \leqslant \varepsilon\frac{U}{2^n}\frac{U}{2^n}$$

从而, $0\leqslant M\leqslant \varepsilon U^2$, 由 ε 的任意性知, $M=0$.

第二阶段. 若 γ 为 D 内任意一条简单闭折线 P, 可以是凸多边形或非凸的多边形, 则 $\oint_P f(z)\,dz=0$.

事实上, 只要将多边形的各个顶点连接, 将划分为几个小三角形 $\Delta_j, j=1,\cdots,n$, 不妨都为逆时针方向, 利用第一阶段的结果得

$$\oint_P f(z)\,dz=\sum_{j=1}^{n}\oint_{\Delta_j} f(z)\,dz=0.$$

第三阶段. 若 γ 为 D 内任意一条围线, 欲证 $\oint_\gamma f(z)\,dz=0$.

可以证明对于任意的 $\varepsilon>0$, 存在相应的内接于闭曲线 γ 的完全在区域 D 内的简单闭折线 P, 使得

$$\left|\oint_\gamma f(z)\,dz-\oint_P f(z)\,dz\right|<\varepsilon.$$

(这个结论的证明太长, 感兴趣的读者可参看庄先生的书) 再利用第二阶段的结果得到

$$\left|\oint_\gamma f(z)\,dz\right|=\left|\oint_\gamma f(z)\,dz-\oint_P f(z)\,dz\right|<\varepsilon,$$

由 ε 的任意性, 得

$$\oint_\gamma f(z)\,dz=0,$$

证毕.

例 3.4　计算 $\oint_{|z|=1}\frac{dz}{\cos z}$.

解　$\cos z$的零点为 $z=\frac{\pi}{2}+k\pi, k$ 为整数, 距离原点最近的零点 $\pm\frac{\pi}{2}$ 位于 $|z|>1$, 故被积函数 $f(z)=\frac{1}{\cos z}$ 在 $\{|z|\leqslant 1\}$ 内解析, 由定理 3.3, $\oint_{|z|=1}\frac{dz}{\cos z}=0$.

定理 3.4　设 $f(z)$ 在单连通区域 D 上解析, γ 为 D 内任意一条按段光滑闭曲线, 则 $\oint_\gamma f(z)\,dz=0$.

证明　设闭曲线有 n 条简单闭曲线构成, $\gamma=\gamma_1+\cdots+\gamma_n$, 则由定理 3.3,

$$\oint_\gamma f(z)\,dz=\oint_{\gamma_1} f(z)\,dz+\cdots+\oint_{\gamma_n} f(z)\,dz=0,$$

证毕.

推论 3.1　若 $f(z)$ 在单连通区域 D 上解析, 则 $f(z)$ 在 D 内有向曲线 L 上的积分与积分路径无关, 只与曲线 L 的起点、终点有关, 从而当 L 以 $z_0\in D$ 为起点、以 $z\in D$ 为终点时, 积分可记为

$$\int_{z_0}^{z} f(z)\,dz.$$

推论 3.2　若 $f(z)$ 在单连通区域 D 上解析, 则在 D 内的积分 $\int_L f(z)\,dz$ 与积分路径无关, 只与曲线 L 的起点、终点有关, 从而取定 $z_0\in D$, 对于任意的一点 $z\in D$, 积分

$$F(z)=\int_{z_0}^{z} f(z)\,dz$$

确定了一个 D 上的单值函数.

定理 3.5 设 $f(z)$ 在单连通区域 D 上解析, 则由下式积分

$$F(z)=\int_{z_0}^{z} f(z)\,dz, z_0\in D, \forall z\in D$$

所确定的函数 $F(z)$ 在 D 内解析, 且 $F'(z)=f(z)$.

证明 用导数定义来证. 对于任意确定的一点 $z\in D$, 作以 z 为中心的小圆含于 D 内, 且使得 $z+\Delta z$ 也在小圆内.

$$\begin{aligned}&\frac{F(z+\Delta z)-F(z)}{\Delta z}\\=&\frac{1}{\Delta z}\left\{\int_{z_0}^{z+\Delta z} f(\zeta)\,d\zeta-\int_{z_0}^{z} f(\zeta)\,d\zeta\right\}\\=&\frac{1}{\Delta z}\int_{z}^{z+\Delta z} f(\zeta)\,d\zeta,\end{aligned}$$

由定理的条件知积分与路径无关, 故上述两个积分的路径可以看作有公共的一段曲线 (以 z_0 为起点, 以 z 为终点), 从 z 到 $z+\Delta z$ 的一段曲线, 可以取为有向直线线段 (图 3.1).

$$\begin{aligned}&\frac{F(z+\Delta z)-F(z)}{\Delta z}-f(z)\\=&\frac{1}{\Delta z}\int_{z}^{z+\Delta z} f(\zeta)\,d\zeta-\frac{1}{\Delta z}\int_{z}^{z+\Delta z} f(z)\,d\zeta\\=&\frac{1}{\Delta z}\int_{z}^{z+\Delta z} (f(\zeta)-f(z))\,d\zeta,\end{aligned}$$

由 $f(\zeta)$ 在 $z\in D$ 连续推知, 对于任意的 $\varepsilon>0$, 存在 $\delta>0$, 当 $|\zeta-z|<\delta$ 时, 有 $|f(\zeta)-f(z)|<\varepsilon\cdot\zeta$ 在从 z 到 $z+\Delta z$ 的有向线段上, 则当 $|\Delta z|<\delta$ 时, 当然有 $|\zeta-z|\leqslant|\Delta z|<\delta$,

$$\begin{aligned}&\left|\frac{F(z+\Delta z)-F(z)}{\Delta z}-f(z)\right|\\\leqslant&\frac{1}{|\Delta z|}\int_{z}^{z+\Delta z} |f(\zeta)-f(z)|\,|d\zeta|\\\leqslant&\frac{1}{|\Delta z|}\,|\Delta z|\,\varepsilon=\varepsilon,\end{aligned}$$

所以, $\lim\limits_{\Delta z\to 0}\dfrac{F(z+\Delta z)-F(z)}{\Delta z}=f(z)$, 证毕.

定义 3.2 设 $f(z)$ 在区域 D 内连续, 若对于 $z\in D, \varPhi'(z)=f(z)$, 则称 $\varPhi(z)$ 为 $f(z)$ 的一个原函数或不定积分.

注 3.1 由定理 3.5 知, 若 $f(z)$ 在单连通区域 D 上解析, 则

$$F(z)=\int_{z_0}^{z} f(z)\,dz$$

为 $f(z)$ 的一个原函数.

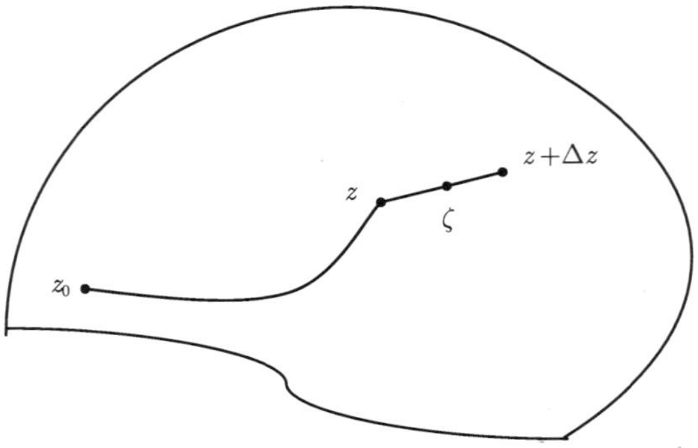

图 3.1

注 3.2　若 $f(z)$ 存在原函数且满足定理 3.5, 则 $f(z)$ 的所有原函数都可以表示为

$$\Phi(z)=\int_{z_0}^{z} f(z)\,dz+c, c\text{为任意常数}.$$

证明　设 $\Phi(z)$ 为 $f(z)$ 的一个原函数, 则 $(\Phi(z)-F(z))'\equiv 0$, 所以, $\Phi(z)-F(z)\equiv c$, c 为任意常数.

定理 3.6　*设 $f(z)$ 在单连通区域 D 上解析, $\Phi(z)$ 为 $f(z)$ 一个原函数, 则 $\int_{z_0}^{z} f(z)\,dz=\Phi(z)-\Phi(z_0)$.*

证明　在注 3.2 中取 $z=z_0$, $\int_{z_0}^{z_0} f(z)\,dz$ 表示经过 z_0 的闭曲线上的积分, 积分值为 0.

$$\Phi(z_0)=\int_{z_0}^{z_0} f(z)\,dz+c=0+c=c,$$

所以, $\Phi(z)=\int_{z_0}^{z} f(z)\,dz+\Phi(z_0)$. 证毕.

例 3.5　计算积分 $\int_a^b z^n dz, n$ 为正整数.

解　由定理 3.6, $\int_a^b z^n dz=\left.\frac{z^{n+1}}{n+1}\right|_a^b=\frac{b^{n+1}-a^{n+1}}{n+1}$.

例 3.6　计算 $\int_L e^z dz$, 其中 L 是以 0 为起点, 以 $\pi+\pi i$ 为终点的有向线段.

解　原函数 $F(z)=e^z$, 则 $\int_L e^z dz=F(\pi+\pi i)-F(0)=-e^{\pi}-1$.

下述定理稍微改进了定理 3.3.

定理 3.7　*设 D 为围线 γ 的内部, $f(z)$ 在区域 D 上解析, 在 $\bar{D}=D+\gamma$ 上连续, 则 $\oint_{\gamma} f(z)\,dz=0$.*

定理 3.7 应用起来更加方便, 证明这里省略, 读者可以参看庄先生的书.

定义 3.3 设围线 $\gamma_1, \gamma_2, \cdots, \gamma_n$ 之间互不相交, 互不包围, 全部位于围线 γ_0 的内部, 不妨假设这些围线都是逆时针方向, 则称

$$\gamma = \gamma_0 + \gamma_1^- + \cdots + \gamma_n^-$$

为复围线, 复围线 γ 所包围的区域 D 显然为有界多连通区域 ($n+1$ 连通区域).

定理 3.8 设 D 为由复围线 $\gamma = \gamma_0 + \gamma_1^- + \cdots + \gamma_n^-$ 所围成的有界多连通区域, $f(z)$ 在区域 D 上解析, 在 $\bar{D} = D + \gamma$ 上连续, 则

$$\oint_\gamma f(z)\,dz = 0,$$

即 $\oint_{\gamma_0} f(z)\,dz = \oint_{\gamma_1} f(z)\,dz + \cdots + \oint_{\gamma_n} f(z)\,dz.$

证明 在区域 D 内做 $n+1$ 条割线 $L_1, L_2, \cdots, L_{n+1}$, 分别连接 γ_0 与 γ_1, γ_1 与 $\gamma_2, \cdots, \gamma_{n-1}$ 与 γ_n, γ_n 与 γ_0. 将区域 D 划分为两个单连通区域 D_1, D_2, 其边界 $\partial D_1 = \Gamma_1, \partial D_2 = \Gamma_2$, 方向均为逆时针, Γ_1, Γ_2 有 $n+1$ 条公共的曲线段即 $L_j (j = 1, 2, \cdots, n+1)$, 但方向相反 (图 3.2), 故在积分时可以相互抵消, 即

$$\begin{aligned}\oint_\gamma f(z)\,dz &= \oint_{\Gamma_1+\Gamma_2} f(z)\,dz \\ &= \oint_{\Gamma_1} f(z)\,dz + \oint_{\Gamma_2} f(z)\,dz = 0,\end{aligned}$$

上面最右边的等号使用了定理 3.7. 证毕.

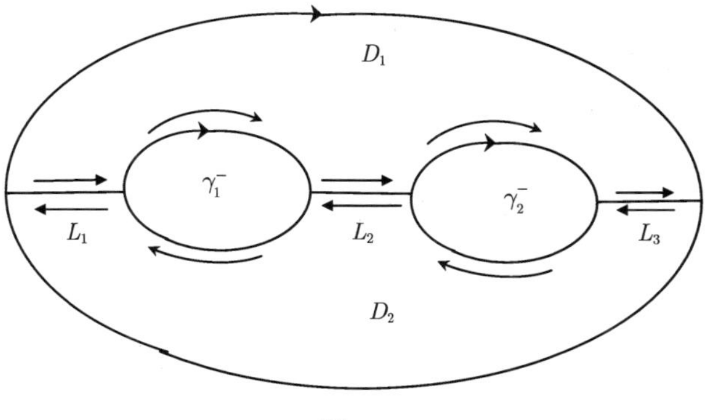

图 3.2

上述定理 3.8 称为**多连通区域的柯西积分定理**, 可以计算围线 γ_0 内有函数 $f(z)$ 奇点的情况, 每个 $\gamma_j\,(j = 1, \cdots, n)$ 包围 $f(z)$ 一个奇点, n 正好是 $f(z)$ 在 γ_0 内奇点的个数 (不计重数).

下面例子是例 3.2 的推广.

例 3.7 设 γ 为包围 a 点的逆时针围线, 则

$$\oint_{\gamma}\frac{dz}{(z-a)^{n}}=\begin{cases}2\pi i, & n=1\\ 0, & n\neq 1\end{cases},\text{其中 } n \text{ 为整数}.$$

证明 作含于 γ 内部的以 a 为圆心的小圆 $\gamma_1:|z-a|=r$, 逆时针方向, 则 $f(z)=\dfrac{1}{(z-a)^n}$ 在复围线 $\gamma+\gamma_1^-$ 所包围的多连通区域上解析, 由定理 3.8 知

$$\oint_{\gamma}\frac{dz}{(z-a)^{n}}=\oint_{\gamma_1}\frac{dz}{(z-a)^{n}}=\begin{cases}2\pi i, & n=1\\ 0, & n\neq 1\end{cases}.$$

证毕.

例 3.8 计算 $\oint_{\gamma}\dfrac{1}{z^2-1}dz,\gamma$ 为逆时针围线, 试讨论积分值.

解 $\dfrac{1}{z^2-1}=\dfrac{1}{2}\left(\dfrac{1}{z-1}-\dfrac{1}{z+1}\right)$,

$\oint_{\gamma}\dfrac{1}{z^2-1}dz=\dfrac{1}{2}\oint_{\gamma}\dfrac{1}{z-1}dz-\dfrac{1}{2}\oint_{\gamma}\dfrac{1}{z+1}dz$,

当 γ 不包围 $1,-1$ 时, $\oint_{\gamma}\dfrac{1}{z^2-1}dz=0$;

当 γ 包围 $1,-1$ 时, $\oint_{\gamma}\dfrac{1}{z^2-1}dz=\pi i-\pi i=0$;

当 γ 包围 1, 不包围 -1 时, $\oint_{\gamma}\dfrac{1}{z^2-1}dz=\pi i-0=\pi i$;

当 γ 包围 -1, 不包围 1 时, $\oint_{\gamma}\dfrac{1}{z^2-1}dz=0-\pi i=-\pi i$.

例 3.9 计算 $\oint_{\gamma}\dfrac{dz}{(z-a)(z-b)}$, γ为逆时针围线. 试讨论积分值. (思考题, 讨论 $a\neq b, a=b$ 情形)

3.3 柯西积分公式

下面的定理称为**柯西积分公式**, 是用边界上的函数值来表示区域内部函数值的积分公式, 是解析函数的积分表达式, 是研究解析函数的重要工具, 也是计算复积分的又一新方法.

定理 3.9 设区域 D 的边界为围线或复围线 γ, 正方向, $f(z)$ 在区域 D 上解析, 在 $\bar{D}=D+\gamma$ 上连续, 则

$$f(z)=\frac{1}{2\pi i}\oint_{\gamma}\frac{f(\zeta)}{\zeta-z}d\zeta,\quad \forall z\in D.$$

证明 任意取定 $z\in D$, 作小圆$\gamma_\rho:|\zeta-z|=\rho(0<\rho<\rho_0)$ 使得 γ_ρ 及其内部完全含于 D 内, 则函数 $F(z)=\dfrac{f(\zeta)}{\zeta-z}$在复围线 $\gamma+\gamma_\rho^-$ 所包围的区域内解析, 由定理 3.8,

$\oint_{\gamma+\gamma_\rho^-}\frac{f(\zeta)}{\zeta-z}d\zeta=0$, 即

$$\oint_{\gamma}\frac{f(\zeta)}{\zeta-z}d\zeta=\oint_{\gamma_\rho}\frac{f(\zeta)}{\zeta-z}d\zeta,\quad 0<\rho<\rho_0.$$

上式表明积分值与 ρ 的大小无关, 当 z 固定时, $\oint_{\gamma_\rho}\frac{f(\zeta)}{\zeta-z}d\zeta$ 为一个与 ρ 无关的常量, 从而

$$\oint_{\gamma_\rho}\frac{f(\zeta)}{\zeta-z}d\zeta=\lim_{\rho\to 0}\oint_{\gamma_\rho}\frac{f(\zeta)}{\zeta-z}d\zeta,$$

因此欲证

$$\oint_{\gamma}\frac{f(\zeta)}{\zeta-z}d\zeta=2\pi i f(z),$$

只要证明

$$\oint_{\gamma_\rho}\frac{f(\zeta)}{\zeta-z}d\zeta=2\pi i f(z),$$

也只要证明

$$\lim_{\rho\to 0}\oint_{\gamma_\rho}\frac{f(\zeta)}{\zeta-z}d\zeta=2\pi i f(z).$$

由 $f(\zeta)$ 在 z 点的连续性知, 对于任意的 $\varepsilon>0$, 存在 $\delta>0$, 当 $|\zeta-z|<\delta$ 时, 有 $|f(\zeta)-f(z)|<\frac{\varepsilon}{2\pi}(\zeta\in\gamma_\rho)$, 并注意到

$$\oint_{\gamma_\rho}\frac{f(z)}{\zeta-z}d\zeta=2\pi i f(z),$$

得

$$\begin{aligned}&\left|\oint_{\gamma_\rho}\frac{f(\zeta)}{\zeta-z}d\zeta-2\pi i f(z)\right|\\=&\left|\oint_{\gamma_\rho}\frac{f(\zeta)}{\zeta-z}d\zeta-\oint_{\gamma_\rho}\frac{f(z)}{\zeta-z}d\zeta\right|\\=&\left|\oint_{\gamma_\rho}\frac{f(\zeta)-f(z)}{\zeta-z}d\zeta\right|\\\leqslant&\oint_{\gamma_\rho}\frac{|f(\zeta)-f(z)|}{|\zeta-z|}|d\zeta|\\\leqslant&\frac{\varepsilon}{2\pi}\frac{1}{\rho}2\pi\rho=\varepsilon.\end{aligned}$$

证毕.

在定理 3.9 中, 若 $z\notin\bar{D}$, 则因为 $F(z)=\frac{f(\zeta)}{\zeta-z}$ 在区域 D 上解析, 在 $\bar{D}=D+\gamma$ 上连续, 由定理 3.7 知 $\oint_{\gamma}\frac{f(\zeta)}{\zeta-z}d\zeta=0$.

例 3.10　计算 $\oint_\gamma \frac{1}{z^2-1}dz, \gamma$ 为包围 1、不包围 -1 的逆时针围线.

解　$$\oint_\gamma \frac{1}{z^2-1}dz = \oint_\gamma \frac{\frac{1}{z+1}}{z-1}dz = 2\pi i \left.\frac{1}{z+1}\right|_{z=1} = \pi i.$$

例 3.11　计算 $\oint_\gamma \frac{\sin z}{2z-1}dz, \gamma$ 为包围圆心在原点的单位圆的逆时针围线.

解　$$\oint_\gamma \frac{\sin z}{2z-1}dz = \oint_\gamma \frac{\frac{1}{2}\sin z}{z-1/2}dz = 2\pi i \left.\frac{1}{2}\sin z\right|_{z=1/2} = \pi i \sin\frac{1}{2}.$$

例 3.12　计算 $\oint_\gamma \frac{e^z}{z^2-1}dz, \gamma$ 为包围 $1, -1$ 的逆时针围线.

解　$$\oint_\gamma \frac{e^z}{z^2-1}dz = \frac{1}{2}\oint_\gamma \frac{e^z}{z-1}dz - \frac{1}{2}\oint_\gamma \frac{e^z}{z+1}dz = \pi i\left(e - e^{-1}\right).$$

3.4　高阶导数公式

定理 3.10　设区域 D 的边界为围线或复围线 γ, 正方向, $f(z)$ 在区域 D 上解析, 在 $\bar{D} = D + \gamma$ 上连续, 则

$$f^{(n)}(z) = \frac{n!}{2\pi i}\oint_\gamma \frac{f(\zeta)}{(\zeta - z)^{n+1}}d\zeta,\ \forall z \in D, n = 0, 1, 2, \cdots.$$

上述定理称为**高阶导数公式**, 又叫**柯西导数公式**, 其中 $n = 0$ 特殊情形正好是柯西积分公式.

证明　归纳法.

(1) $n = 0$ 时, 即柯西积分公式. 见图 3.3.

(2) $n = 1$ 时, 欲证

$$f'(z) = \frac{1}{2\pi i}\oint_\gamma \frac{f(\zeta)}{(\zeta - z)^2}d\zeta,\ z \in D,$$

只需证

$$\lim_{\Delta z \to 0}\frac{f(z+\Delta z) - f(z)}{\Delta z} = \frac{1}{2\pi i}\oint_\gamma \frac{f(\zeta)}{(\zeta - z)^2}d\zeta,\ z \in D,$$

由柯西积分公式,

$$f(z) = \frac{1}{2\pi i}\oint_\gamma \frac{f(\zeta)}{\zeta - z}d\zeta,\quad z \in D,$$

取模适当小的 Δz, 使得 $z + \Delta z \in D$,

$$f(z+\Delta z) = \frac{1}{2\pi i}\oint_\gamma \frac{f(\zeta)}{\zeta - z - \Delta z}d\zeta,\quad z + \Delta z \in D,$$

$$\frac{f(z+\Delta z) - f(z)}{\Delta z} = \frac{1}{\Delta z}\frac{1}{2\pi i}\oint_\gamma f(\zeta)\left(\frac{1}{\zeta - (z+\Delta z)} - \frac{1}{\zeta - z}\right)d\zeta$$

$$=\frac{1}{2\pi i}\oint_{\gamma}\frac{f(\zeta)}{(\zeta-z-\Delta z)(\zeta-z)}d\zeta,$$

估计下面式子

$$\begin{aligned}I&=\left|\frac{f(z+\Delta z)-f(z)}{\Delta z}-\frac{1}{2\pi i}\oint_{\gamma}\frac{f(\zeta)}{(\zeta-z)^{2}}d\zeta\right|\\&=\left|\frac{1}{2\pi i}\oint_{\gamma}\frac{f(\zeta)}{(\zeta-z-\Delta z)(\zeta-z)}d\zeta-\frac{1}{2\pi i}\oint_{\gamma}\frac{f(\zeta)}{(\zeta-z)^{2}}d\zeta\right|\\&=\left|\frac{1}{2\pi i}\oint_{\gamma}\frac{f(\zeta)}{\zeta-z}\left(\frac{1}{\zeta-z-\Delta z}-\frac{1}{\zeta-z}\right)d\zeta\right|\\&=\left|\frac{\Delta z}{2\pi i}\oint_{\gamma}\frac{f(\zeta)}{(\zeta-z-\Delta z)(\zeta-z)^{2}}d\zeta\right|\\&\leqslant\frac{|\Delta z|}{2\pi i}\oint_{\gamma}\frac{|f(\zeta)|}{|\zeta-z-\Delta z||\zeta-z|^{2}}|d\zeta|,\end{aligned}$$

$|f(\zeta)|$ 在有界闭集 γ 上连续, 从而有界, 设 $|f(\zeta)|\leqslant M,\zeta\in\gamma$. 设 L 为曲线 γ 长度 $d=\operatorname{dist}(z,\gamma),|\Delta z|<d/2$, 则 $|\zeta-z|\geqslant d$,

$$|\zeta-z-\Delta z|\geqslant|\zeta-z|-|\Delta z|\geqslant d/2,$$

由估值定理得

$$I\leqslant\frac{|\Delta z|}{2\pi}\frac{M}{\frac{d}{2}d^{2}}L=|\Delta z|\frac{ML}{\pi d^{3}},$$

所以, 对于任意的 $\varepsilon>0$, 存在 $\delta=\min\left\{\frac{\pi d^{3}}{ML}\varepsilon,\frac{d}{2}\right\}>0$, 当 $|\Delta z|<\delta$ 时有

$$\left|\frac{f(z+\Delta z)-f(z)}{\Delta z}-\frac{1}{2\pi i}\oint_{\gamma}\frac{f(\zeta)}{(\zeta-z)^{2}}d\zeta\right|<\varepsilon,$$

即

$$f'(z)=\frac{1}{2\pi i}\oint_{\gamma}\frac{f(\zeta)}{(\zeta-z)^{2}}d\zeta,\ z\in D.$$

假设定理对于 $n=k$ 成立, 即

$$f^{(k)}(z)=\frac{k!}{2\pi i}\oint_{\gamma}\frac{f(\zeta)}{(\zeta-z)^{k+1}}d\zeta,\ z\in D,$$

归纳可证

$$f^{(k+1)}(z)=\frac{(k+1)!}{2\pi i}\oint_{\gamma}\frac{f(\zeta)}{(\zeta-z)^{k+2}}d\zeta,\ z\in D.$$

(利用归纳假设, 仿照 $n=1$ 情形可以证明. 具体也可参看方企勤的书) 证毕.

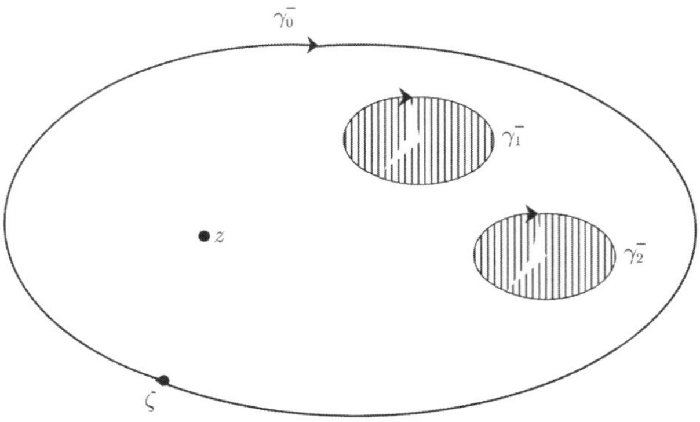

图 3.3

高阶导数公式提供了计算复积分的又一个方法:

$$\oint_{\gamma} \frac{f(\zeta)}{(\zeta - z)^{n+1}} d\zeta = 2\pi i \frac{f^{(n)}(z)}{n!}, \quad z \in D.$$

在第 4 章将会看到, 上式右边含有泰勒展开式的系数表示.

例 3.13　计算 $\oint_{\gamma} \frac{\sin z}{(z-i)^3} dz, \gamma$ 为包围 i 的逆时针围线.

解　$\oint_{\gamma} \frac{\sin z}{(z-i)^3} dz = 2\pi i \left. \frac{(\sin z)''}{2!} \right|_{z=i} = -\pi i \sin i.$

例 3.14　计算 $\oint_{\gamma} \frac{e^z}{(z-1)^2 z} dz, \gamma$ 为包围 0, 1 的逆时针围线.

解　设 γ_1, γ_2 为 γ 内分别包围 1, 0 的逆时针围线, 互不相交, 互不包含. 由定理 3.8, 定理 3.10,

$$\begin{aligned}\oint_{\gamma} \frac{e^z}{(z-1)^2 z} dz &= \oint_{\gamma_1} \frac{e^z}{(z-1)^2 z} dz + \oint_{\gamma_2} \frac{e^z}{(z-1)^2 z} dz \\ &= \oint_{\gamma_1} \frac{e^z/z}{(z-1)^2} dz + \oint_{\gamma_2} \frac{\frac{e^z}{(z-1)^2}}{z} dz \\ &= 2\pi i \left. (e^z/z)' \right|_{z=1} + 2\pi i \left. \frac{e^z}{(z-1)^2} \right|_{z=0} \\ &= 2\pi i (0+1) = 2\pi i.\end{aligned}$$

定理 3.11　*设 $f(z)$ 在区域 D 上解析, 则 $f(z)$ 在 D 内具有任意阶导数 $f^{(n)}(z)$, 从而 $f^{(n)}(z)$ 也在 D 内解析.*

证明　对于任意确定的 $z_0 \in D$, 取 $\gamma : |\zeta - z_0| = \rho$, 逆时针方向, 使得 $\{|\zeta - z_0| \leqslant \rho\} \subset D$, 由柯西导数公式, n 阶导数

$$f^{(n)}(z_0) = \frac{n!}{2\pi i} \oint_{\gamma} \frac{f(\zeta)}{(\zeta - z_0)^{n+1}} d\zeta$$

存在, 由 z_0 点的任意性, $f(z)$ 在区域 D 内任一点任意阶导数存在. 证毕.

定理 3.12 设 $f(z)$ 在 $D=\{|z-a|<R\}$ 内解析, 在 $\bar{D}=D+\Gamma$ 上连续, $\Gamma=\{|z-a|=R\}$, 则

$$\left|f^{(n)}(a)\right| \leqslant \frac{n!M(R)}{R^n}, \quad n=0,1,2,\cdots.$$

其中 $M(R)=\max\limits_{z\in\Gamma}|f(z)|$.

上述定理称为**柯西不等式**.

证明 应用估值定理于高阶导数公式, 得到

$$\begin{aligned}\left|f^{(n)}(a)\right| &= \left|\frac{n!}{2\pi i}\oint_{\Gamma}\frac{f(\zeta)}{(\zeta-a)^{n+1}}d\zeta\right| \\ &\leqslant \frac{n!}{2\pi}\oint_{\Gamma}\frac{|f(\zeta)|}{|\zeta-a|^{n+1}}|d\zeta| \\ &\leqslant \frac{n!}{2\pi}\frac{M(R)}{R^{n+1}}2\pi R=\frac{n!M(R)}{R^n},\end{aligned}$$

证毕.

定理 3.13 若 $f(z)$ 在复平面 C 上解析且有界, 则 $f(z)$ 为常数.

上述定理称为**刘维尔 (Liouville) 定理**.

证明 设 $|f(z)| \leqslant M, M$ 与 z 无关, 由柯西不等式 $n=1$ 情形, 对于任意确定的 $a, |f'(a)| \leqslant \dfrac{M}{R} \to 0,\ (R\to+\infty)$, 所以 $f'(a)=0$, 即在复平面 C 上 $f'(z)\equiv 0$, 故 $f(z)$ 为常数. 证毕.

刘维尔定理还可以有进一步的推广. 刘维尔定理有许多证明方法, 应用柯西积分公式可以证, 利用幂级数形式的柯西不等式也可以证.(思考题)

定理 3.14 在复平面 C 上, n 次多项式

$$p_n(z)=a_nz^n+a_{n-1}z^{n-1}+\cdots+a_1z+a_0,\ \ a_n\neq 0$$

至少有一个零点, 从而 n 次多项式 $p_n(z)$ 在复平面 C 上恰好有 n 个零点 (记重数), n 为正整数.

上述定理称为**代数学基本定理**.

证明 应用刘维尔定理证明代数学基本定理.

反证. 假设在复平面 C 上解析函数 $p_n(z)\neq 0$, 由四则运算法则, $1/p_n(z)$ 也在 C 上解析, 下证 $1/p_n(z)$ 在 C 上有界.

当 $z\to\infty$ 时, 有

$$p_n(z)=z^n\left(a_n+\frac{a_{n-1}}{z}+\cdots+\frac{a_0}{z^n}\right)\to\infty,$$

$$1/p_n(z) \to 0, \quad z \to \infty.$$

故存在 $R>0$, 当 $|z|>R$ 时有$\left|\dfrac{1}{p_n(z)}\right|<1$. 另一方面, $1/p_n(z)$ 在有界闭圆 $\{|z| \leqslant R\}$ 上连续, 从而有界, 记为$\left|\dfrac{1}{p_n(z)}\right|<M$, $z \in \{|z| \leqslant R\}$. 则 $\left|\dfrac{1}{p_n(z)}\right|<M+1, z \in C$. 由刘维尔定理, $\dfrac{1}{p_n(z)}$ 为常数, 即 $p_n(z)$ 为常数, 矛盾. 所以 $p_n(z)$ 在复平面 C 上至少有一个零点, 根据高等代数中多项式整除理论, $p_n(z)$ 在复平面 C 上恰好有 n 个零点, 包括重级零点. 证毕.

应用本章 3.5 节的最大模定理也可以证明代数学基本定理, 应用第六章的鲁歇定理也可以证, 应用第六章的辐角原理也可以证明. (思考题)

定理 3.15　若 $f(z)$ 在单连通区域 D 内连续, 且对 D 内任意围线 γ, 有 $\oint_\gamma f(z)\,dz=0$, 则 $f(z)$ 在 D 内解析.

上述定理称为**摩勒拉 (Morera) 定理**.

证明　由已知条件, $f(z)$ 在 D 内曲线上的积分与路径无关, 根据定理 3.5 的证明过程, 原函数

$$F(z)=\int_{z_0}^{z} f(z)\,dz, z_0 \in D, \forall z \in D$$

在 D 内解析且 $F'(z)=f(z)$. 由定理 3.11 知, $f(z)$ 在 D 内解析. 证毕.

利用摩勒拉定理, 立即得到下述刻画函数解析性的等价条件.

定理 3.16　函数$f(z)$ 在区域 G(未必单连通) 内解析的充要条件是 $f(z)$ 在 G 内连续, 且对于内部完全含于 G 内的任意闭曲线 γ, 有 $\oint_\gamma f(z)\,dz=0$.

证明　必要性由柯西积分定理立即得到, 下证充分性.

对于任意取定的一点 $z_0 \in G$, 取 G 内围线 $\gamma_1: |\zeta-z_0|=\rho$, 逆时针方向, 使得 $D=\{|\zeta-z_0|<\rho\} \subset G$, 由定理 3.15, $f(z)$ 在单连通区域 D 上解析, 从而在 z_0 点解析, 由 $z_0 \in G$ 的任意性, $f(z)$ 在区域 G 上解析. 证毕.

3.5　最大模原理

定理 3.17　设 $f(z)$ 在 $D=\{|z-a|<R\}$ 内解析, 在 $\bar{D}=D+\Gamma$ 上连续, $\Gamma=\{|z-a|=R\}$, 则

(1) $f(a)=\dfrac{1}{2\pi}\displaystyle\int_0^{2\pi} f\left(a+re^{i\theta}\right)d\theta, 0 \leqslant r \leqslant R$;

(2) $f(a)=\dfrac{1}{\pi R^2}\displaystyle\iint_{\bar{D}} f(z)\,dxdy$.

上述定理称为**解析函数的平均值定理**.

证明 用参数法计算柯西积分公式.

将曲线 $\gamma:|z-a|=r$ 的参数表示 $z=a+re^{i\theta}(0\leqslant\theta\leqslant 2\pi)$ 代入柯西积分公式

$$f(a)=\frac{1}{2\pi i}\oint_{\gamma}\frac{f(z)}{z-a}dz,$$

$$f(a)=\frac{1}{2\pi i}\int_{0}^{2\pi}\frac{f\left(a+re^{i\theta}\right)}{re^{i\theta}}re^{i\theta}id\theta=\frac{1}{2\pi}\int_{0}^{2\pi}f\left(a+re^{i\theta}\right)d\theta,$$

上式两边同时乘以 rdr, 再在区间 $[0, R]$ 上积分即得定理 3.17(2) 式. 证毕.

设 $f(z)=u(z)+iv(z)$, $u(z)$ 和 $v(z)$ 分别为 $f(z)$ 的实部和虚部, 则得到调和函数的平均值公式:

$$u(a)=\frac{1}{2\pi}\int_{0}^{2\pi}u\left(a+re^{i\theta}\right)d\theta,$$

$$v(a)=\frac{1}{2\pi}\int_{0}^{2\pi}v\left(a+re^{i\theta}\right)d\theta.$$

调和函数的定义见本章第六节定义 3.4.

例 3.15 设函数 $f(z)$ 在闭圆 $|z|\leqslant R$ 上解析, $|f(0)|<a$, $a>0$, 在圆周 $|z|=R$ 上 $|f(z)|\geqslant a$. 则在圆 $|z|<R$ 内, $f(z)$ 至少有一个零点.

证明 反设$f(z)$ 在 $|z|<R$ 上无零点, 因为在 $|z|=R$ 上, $f(z)\neq 0$, 则 $f(z)$ 在 $|z|\leqslant R$ 上无零点, 从而函数$F(z)=\dfrac{1}{f(z)}$ 在 $|z|\leqslant R$ 上解析.

对 $F(z)$ 应用定理 3.17(1) 得

$$\begin{aligned}\frac{1}{a}<|F(0)|&=\left|\frac{1}{2\pi}\int_{0}^{2\pi}F\left(Re^{i\theta}\right)d\theta\right|\\&\leqslant\frac{1}{2\pi}\int_{0}^{2\pi}\left|F\left(Re^{i\theta}\right)\right|d\theta\leqslant\frac{1}{2\pi}\int_{0}^{2\pi}\frac{1}{a}d\theta=\frac{1}{a},\end{aligned}$$

矛盾. 证毕.

例 3.16 设函数 $f(z)$ 在闭圆 $|z|\leqslant R$ 上解析, 若对于任意 $\theta\in[0, 2\pi]$, 有 $\left|f\left(Re^{i\theta}\right)\right|>|f(0)|$, 则 $f(z)$ 在 $|z|<R$ 内至少有一个零点.

证明 存在 $\theta_0\in[0, 2\pi]$, 使得对于任意 $\theta\in[0, 2\pi]$, 有

$$\left|f\left(Re^{i\theta}\right)\right|\geqslant a=\left|f\left(Re^{i\theta_0}\right)\right|>|f(0)|,$$

由例 3.15 结论, 证毕.

定理 3.18 设 $f(z)$ 在区域 D 内解析, 非常数, 则 $|f(z)|$ 在 D 内任何点都不会达到最大值.

上述定理称为**解析函数的最大模原理**.

证明　记 $M=\sup_{D}|f(z)|$, 因为 $f(z)$ 非常数, 故 $0<M\leqslant+\infty$. 若 $M=+\infty$, 则存在点列 $\zeta_n\in D$, 使得 $|f(\zeta_n)|\to+\infty$, 此时对于任何点 $z_0\in D, |f(z_0)|$ 为有限值, 当然不会为 $|f(z)|$ 在 D 内的最大值. 故不妨设 $0<M<+\infty$.

反设存在 $z_0\in D$, 使得 $|f(z_0)|$ 达到 $|f(z)|$ 在 D 内最大值, 即 $|f(z_0)|=M$. 以 z_0 为中心, 作小圆 $D_0=\{|z-z_0|\leqslant R\}\subset D$, 由解析函数的平均值定理,

$$f(z_0)=\frac{1}{2\pi}\int_0^{2\pi}f\left(z_0+Re^{i\theta}\right)d\theta,$$

则

$$M=|f(z_0)|\leqslant\frac{1}{2\pi}\int_0^{2\pi}\left|f\left(z_0+Re^{i\theta}\right)\right|d\theta\leqslant M,$$

由 $|f(z)|$ 的连续性可证在圆周 $\{|z-z_0|=R\}$ 上恒有 $|f(z)|\equiv M$, 再由 R 的任意性知在圆盘 D_0 上恒有 $|f(z)|\equiv M$, 故在 D_0 上 $f(z)\equiv k$ 常数. 由唯一性定理 (第四章), 在 D 上 $f(z)\equiv k$, 矛盾. 证毕.

定理 3.19　*设 $f(z)$ 在区域 D 内解析, $|f(z)|$ 在 D 内某点达到最大值, 则 $f(z)$ 在 D 内为常数.*

定理 3.20　*设 $f(z)$ 在有界区域 D 内解析, 在 $\bar{D}=D+\partial D$ 上连续, 则 $|f(z)|$ 在 $\bar{D}$ 上或者恒为常数, 或者只能在边界 ∂D 上取得最大值.*

由定理 3.18 容易推出定理 3.19 和定理 3.20 成立.(思考题)

作为最大模原理的应用, 我们来证明**施瓦茨 (Schwarz) 引理**.

定理 3.21　*设 $f(z)$ 在 $|z|<1$ 内解析, $|f(z)|<1$, $f(0)=0$, 则在 $|z|<1$ 内恒有*

$$|f(z)|\leqslant|z|\ \text{且}\ |f'(0)|\leqslant 1.$$

上述不等式中只要有一个等式成立 (第一个不等式须不在原点) 当且仅当为 $f(z)$ 一个旋转:$f(z)=e^{i\alpha}z,\ \alpha\in R$.

证明　设 $f(z)=c_1z+c_2z^2+\cdots, |z|<1$, 令 $g(z)=\frac{f(z)}{z}=c_1+c_2z+\cdots, 0<|z|<1$, 定义 $g(0)=\lim\limits_{z\to0}\dfrac{f(z)}{z}=f'(0)=c_1$, 则 $g(z)$ 在 $|z|<1$ 内解析.

对于任意确定的一点 $z_0\in\{|z|<1\}$, 存在 $r\in(0,\ 1)$, 使得 $|z_0|<r<1$, 由最大模原理,

$$|g(z_0)|\leqslant\max_{|z|=r}|g(z)|=\max_{|z|=r}\left|\frac{f(z)}{z}\right|\leqslant\frac{1}{r},$$

令 $r\to1^-$, 得 $|g(z_0)|\leqslant1$, 再由 z_0 任意性, 得到 $|g(z)|\leqslant1, |z|<1$. 从而 $|f(z)|\leqslant|z|, |g(0)|=|f'(0)|\leqslant1$. 若有一个等号成立, 则在单位圆 $|z|<1$ 内有一点 z_0, 使得 $|g(z_0)|=1$ 达到最大值, 根据最大模原理, $g(z)$ 为常数 $e^{i\alpha}$, $\alpha\in R$. 证毕.

3.6 调和函数

定义 3.4 设二元实函数 $u(x,y)$ 在域 D 内具有直到二阶连续偏导数, 且 $\Delta u=0$, 则称 $u(x,y)$ 为 D 内的调和函数.

例 3.17 设 $f(z)=u(z)+iv(z)$ 为区域 D 内的解析函数, $u(z)$、$v(z)$ 分别为 $f(z)$ 的实部和虚部, 则 $u(z)$、$v(z)$ 为 D 内的调和函数.

证明 由定理 3.11, $u(x,y)$、$v(x,y)$ 在域 D 内具有二阶连续偏导数. 由柯西-黎曼条件得

$$\begin{aligned}\Delta u &=\frac{\partial^2 u}{\partial x^2}+\frac{\partial^2 u}{\partial y^2}\\&=\frac{\partial}{\partial x}\left(\frac{\partial u}{\partial x}\right)+\frac{\partial}{\partial y}\left(\frac{\partial u}{\partial y}\right)\\&=\frac{\partial}{\partial x}\left(\frac{\partial v}{\partial y}\right)+\frac{\partial}{\partial y}\left(-\frac{\partial v}{\partial x}\right)\\&=0,\end{aligned}$$

同理, $\Delta v=0$. 证毕.

定义 3.5 若调和函数 $u(x,y)$、$v(x,y)$ 在域 D 内还满足柯西-黎曼方程: $\frac{\partial u}{\partial x}=\frac{\partial v}{\partial y}$ 且 $\frac{\partial u}{\partial y}=-\frac{\partial v}{\partial x}$, 则称 $v(z)$ 为 $u(z)$ 的共轭调和函数.

此时, $u(z)$ 为 $-v(z)$ 的共轭调和函数.

定理 3.22 (1) 若 $f(z)=u(z)+iv(z)$ 在区域 D 内解析, $u(z)$、$v(z)$ 分别为 $f(z)$ 的实部和虚部, 则 $v(z)$ 为 $u(z)$ 的共轭调和函数. (2) 若 $u(z)$、$v(z)$ 在区域 D 内调和且 $v(z)$ 为 $u(z)$ 共轭调和函数, 则 $f(z)=u(z)+iv(z)$ 在 D 内解析.

证明 (1) 由例 3.17 和定理 2.7 得证. (2) 由定理 2.7 得证. 证毕.

问题 已知调和函数 $u(z)$, 是否一定存在调和函数 $v(z)$, 使得解析函数 $f(z)=u(z)+iv(z)$ 以 $u(z)$ 为实部? 若回答肯定, 则存在解析函数 $if(z)=-v(z)+u(z)i$ 以 $u(z)$ 为虚部. 下面展示了求解析函数 $f(z)$ 的四个办法.

定理 3.23 设 $u(x,y)$ 在单连通区域 D 内调和, 则存在

$$v(x,y)=\int_{(x_0,y_0)}^{(x,y)}-\frac{\partial u}{\partial y}dx+\frac{\partial u}{\partial x}dy+c$$

使得 $f=u+iv$ 在 D 内解析.

证明 因为 $u(x,y)$ 在单连通区域 D 内调和, 所以 $u(x,y)$ 的一阶偏导数连续且 $\frac{\partial}{\partial y}\left(-\frac{\partial u}{\partial y}\right)=\frac{\partial}{\partial x}\left(\frac{\partial u}{\partial x}\right)$, 则一阶微分 $-\frac{\partial u}{\partial y}dx+\frac{\partial u}{\partial x}dy$为全微分, 从而存在函数 $v(x,y)$, 使得

$$dv = -\frac{\partial u}{\partial y}dx + \frac{\partial u}{\partial x}dy,$$

因为积分与路径无关, 所以上式在以 (x_0, y_0) 为起点, 以 (x, y) 为终点的有向曲线上积分为

$$v(x,y) = \int_{(x_0,y_0)}^{(x,y)} -\frac{\partial u}{\partial y}dx + \frac{\partial u}{\partial x}dy + c.$$

由上面全微分还可以看到, $-\frac{\partial u}{\partial y} = \frac{\partial v}{\partial x}$ 且 $\frac{\partial u}{\partial x} = \frac{\partial v}{\partial y}$, 故根据定理 2.7 知 $f = u + iv$ 解析. 证毕.

定理 3.23 中的公式还是很好记的:

$$dv = v_x dx + v_y dy = -u_y dx + u_x dy, \text{两边积分即可.}$$

Ahlfors 的《复分析》(第 27 页) 中采用形式导数的方法直接给出了以 u 为实部的函数 f 的计算公式:

$$f(z) = 2u\left(\frac{z}{2}, \frac{z}{2i}\right) - u(0,0) + ic, \quad ic\text{为纯虚数常数.}$$

例 3.18　证明 $u(x,y) = x^3 - 3xy^2$ 在复平面 C 内调和. 求以 u 为实部的解析函数 $f(z)$ 使得 $f(0) = 0$.

解　(1) u 的任意阶偏导数都连续, 易于验证 $\Delta u = 0$, 证毕.

(2) 下面求 $f(z)$ 的表达式, 方法有四种.

方法一　利用定理 3.23, 可以采取特殊的积分路径, 用参数法计算.

$$\begin{aligned}
u_x =& 3x^2 - 3y^2, u_y = -6xy,\\
v(x,y) =& \int_{(0,0)}^{(x,y)} -\frac{\partial u}{\partial y}dx + \frac{\partial u}{\partial x}dy + c\\
=& \int_{(0,0)}^{(x,y)} 6xydx + 3\left(x^2 - y^2\right)dy + c\\
=& \int_{(0,0)}^{(x,0)} 6xydx + 3\left(x^2 - y^2\right)dy\\
&+ \int_{(x,0)}^{(x,y)} 6xydx + 3\left(x^2 - y^2\right)dy + c\\
=& 0 + \int_0^y 3\left(x^2 - y^2\right)dy + c\\
=& 3x^2y - y^3 + c,
\end{aligned}$$

所以, $f(z) = z^3 + ic$, 注意到 $f(0) = 0$, 即有 $c = 0$.

所以, $f(z)=z^3$.

方法二　微分积分法.

$$v_y=u_x=3x^2-3y^2,$$

两边对 y 积分, 得 $v(x,y)=3x^2y-y^3+\varphi(x)$.

所以, $v_x=6xy+\varphi'(x)$, 又有 $v_x=-u_y=6xy$, 故 $\varphi'(x)=0, \varphi(x)=c$, c 为常数.

所以求得 $v(x,y)=3x^2y-y^3+c$.

所以 $f(z)=z^3+ic$, 结合 $f(0)=0$, 得 $f(z)=z^3$.

方法三　直接应用 Ahlfors 书中的公式.

$$\begin{aligned} f(z) &=2u\left(\frac{z}{2},\frac{z}{2i}\right)-u(0,0)+ic \\ &=2\left[\left(\frac{z}{2}\right)^3-3\frac{z}{2}\left(\frac{z}{2i}\right)^2\right]-0+ic \\ &=z^3+ic, \end{aligned}$$

结合 $f(0)=0$, 得 $f(z)=z^3$.

方法四　应用 Newton-Leibniz 公式即原函数法.

$$f(z)=\int_{z_0}^{z} f'(z)\,dz+f(z_0)$$

其中 $f'(z)=u_x+iv_x=u_x-iu_y=v_y+iv_x$, 必须将它化为 z 的表达式, 以便于积分.

$$u_x=3x^2-3y^2, -u_y=6xy,$$

$$f'(z)=u_x-iu_y=\left(3x^2-3y^2\right)+6xyi=3z^2,$$
$$f(z)=\int_0^z f'(z)\,dz+f(0)=\int_0^z 3z^2dz+f(0)=z^3.\text{解毕.}$$

习　题　3

1. 沿如下第一象限中路线 $C_i(i=1,2,3)$, 计算

$$\int_{C_i}(x^2+y^2)dx-2xydy$$

起点都是 1, 终点都是 i.

$$C_1: x+y=1;$$
$$C_2: x^2+y^2=1;$$
$$C_3:\left\{\begin{array}{l} z(t)=1+it\ (0\leqslant t\leqslant 1) \\ z(t)=(2-t)+i\ (1\leqslant t\leqslant 2) \end{array}\right..$$

2. 计算下列积分

(1) $\int_C \frac{e^z}{z-2}dz$, $C:|z-2|=1$, 逆时针方向.

(2) $\int_C \frac{e^{iz}}{z^2+1}dz$, $C:|z-2i|=\frac{3}{2}$, 逆时针方向.

(3) $\int_C \frac{dz}{(z^2-1)(z^3-1)}$, $C:|z|=r<1$, 逆时针方向.

(4) $\int_C \frac{dz}{(z^2+1)(z^2+4)}$, $C:|z|=\frac{3}{2}$, 逆时针方向.

(5) $\int_C \frac{\sin z dz}{\left(z-\frac{\pi}{2}\right)^2}$, $C:|z|=2$, 逆时针方向.

(6) $\int_{-\pi i}^{3\pi i} e^{2z}dz$.

(7) $\int_0^1 z\sin z dz$.

(8) $\int_1^i \frac{1+\tan z}{\cos^2 z}dz$, (从 1 到 i 的直线段).

(9) $\int_{C=C_1+C_2^-} \frac{\cos z}{z^3}dz$, 其中 $C_1:|z|=2, C_2:|z|=3$, 都为逆时针方向.

3. 证明: $\frac{1}{2\pi i}\int_C \frac{e^{z\xi}}{\xi^{n+1}}d\xi = \frac{z^n}{n!}$, 其中 n 为自然数, C 为一条包围原点的围线.

4. 设 $f(z)$ 在区域 D 内解析, C 为 D 内的任意一条正向简单闭曲线, 证明: 对在 D 内但不在 C 上任意一点 z_0, 等式

$$\oint_C \frac{f'(z)}{z-z_0}dz = \oint_C \frac{f(z)}{(z-z_0)^2}dz$$

成立.

5. 试证 $\left|\int_C \frac{z+1}{z-1}dz\right| \leqslant 8\pi$, 其中 C 为圆周 $|z-1|=2$.

6. 设在区域 $D=\left\{z \,\Big|\, |\arg z|<\frac{\pi}{2}\right\}$ 内的单位圆周 $|z|=1$ 上, 任取一点 z, 用 D 内曲线 C 联结 0 与 z, 试证:

$$Re\int_C \frac{dz}{1+z^2} = \frac{\pi}{4}.$$

7. 证明: (1) 若 $f(z)$ 在点 $z=a$ 的邻域内连续, 则

$$\lim_{r\to 0}\int_{|z-a|=r} \frac{f(z)}{z-a}dz = 2\pi i f(a);$$

(2) 若 $f(z)$ 在点 $z=0$ 的邻域内连续, 则

$$\lim_{r\to 0}\int_0^{2\pi} f(re^{i\theta})d\theta = 2\pi f(0).$$

8. 设函数 $f(z)$ 在 z 平面解析, 且 $|f(z)|$ 恒大于一个正常数, 试证 $f(z)$ 必为常数.

9. 设 $f(z)$ 为非常数的整函数, 又 R, M 为任意正数. 试证: 满足 $|z| > R$ 且 $|f(z)| > M$ 的 z 必存在.

10. 设区域 D 内不恒为常数的解析函数 $f(z)$, 在 D 内的点 z_0 有 $f(z_0) \neq 0$, 证明:$|f(z_0)|$ 不可能是 $|f(z)|$ 在 D 内的最小值.

11. 证明$u(x,y) = x^2 - y^2$, $v(x,y) = \dfrac{y}{x^2+y^2}$ 都是调和函数, 但 $f(z) = u(x,y) + iv(x,y)$ 不是解析函数.

12. 设函数 $f(z)$ 在区域 D 内解析, 且 $f'(z) \neq 0$, 试证 $\ln|f'(z)|$ 为区域 D 内的调和函数.

13. 试用最大模定理证明代数学基本定理.

14. 若 $f(z)$ 在区域 D 内解析, 且对于任意的点 $z \in D$, 有 $f(z) \neq 0$, 证明:$|f(z)|$ 在 D 内不可能达到最小值, 除非是一个常数.

15. 设 $f(z)$ 在区域 D 内解析, $u(x,y) = Ref(z)$ 非常数, 证明:$u(x,y)$ 不可能在区域 D 内达到最大值或最小值.

16. 设 $f(z)$ 在圆 $U = \{|z-a| < R\}$ 内解析, 非常数函数, $f(z)$ 在 $\bar{U}$ 上连续, $|f(\zeta)|$ 在边界圆周 $\{|z-a| = R\}$ 上为常数, 证明: 存在一点 $z_0 \in U$ 使得 $f(z_0) = 0$.

第 4 章　解析函数的幂级数展开式

4.1　解析函数项级数的性质

定义 4.1　设复数项级数$\sum_{n=1}^{\infty}\alpha_n$, 令 $s_n=\sum_{k=1}^{n}\alpha_k$, 若当 $n\to\infty$ 时, 有 $s_n\to s\in C$, 则称该级数收敛, 和为 s. 否则, 称为级数发散.

定理 4.1　设有复数项级数$\sum_{n=1}^{\infty}\alpha_n, \alpha_n=a_n+b_ni$, $s=A+Bi$, 则复级数收敛 $\sum_{n=1}^{\infty}\alpha_n=s$ 的充分且必要条件为两个实级数都收敛 $\sum_{n=1}^{\infty}a_n=A, \sum_{n=1}^{\infty}b_n=B$.

证明　令 $A_n=\sum_{k=1}^{n}a_k, B_n=\sum_{k=1}^{n}b_k$, 则当 $n\to\infty$ 时, $s_n=A_n+B_ni\to s$ 当且仅当 $A_n\to A$ 且 $B_n\to B$. 证毕.

定理 4.1 表明判断复数项级数的敛散性可以转化为只要判断相应的两个实数项级数的敛散性.

例 4.1　判别级数 $\sum_{n=1}^{\infty}\left(\frac{1}{n}+\frac{i}{e^n}\right)$ 的敛散性.

解　因为 $\sum_{n=1}^{\infty}\frac{1}{n}$ 发散, $\sum_{n=1}^{\infty}\frac{1}{e^n}$ 收敛, 故 $\sum_{n=1}^{\infty}\left(\frac{1}{n}+\frac{i}{e^n}\right)$ 发散.

定理 4.2　设 $\alpha_n=a_n+b_ni$, 则复级数$\sum_{n=1}^{\infty}\alpha_n$ 收敛的充分且必要条件为对于任意的 $\varepsilon>0$, 存在正整数 N, 当 $n,m>N$ 时, 有 $|s_n-s_m|<\varepsilon$.

证明　$|s_n-s_m|=|(A_n-A_m)+i(B_n-B_m)|\leqslant|A_n-A_m|+|B_n-B_m|$,

$$|s_n-s_m|\geqslant|A_n-A_m|, |s_n-s_m|\geqslant|B_n-B_m|,$$

由实级数的柯西收敛准则和定理 4.1 即得. 证毕.

上述定理称为复数项级数的柯西收敛准则.

推论 4.1　若 $\sum_{n=1}^{\infty}\alpha_n$ 收敛, 则 $\lim_{n\to\infty}\alpha_n=0$.

推论 4.2　改变级数的有限项, 不改变级数的敛散性.

定理 4.3　若 $\sum_{n=1}^{\infty}|\alpha_n|$ 收敛, 则 $\sum_{n=1}^{\infty}\alpha_n$ 收敛.

证明 由定理 4.2 立即得证. 证毕.

定义 4.2 若 $\sum_{n=1}^{\infty}|\alpha_n|$ 收敛, 则称 $\sum_{n=1}^{\infty}\alpha_n$ 绝对收敛. 若 $\sum_{n=1}^{\infty}\alpha_n$ 收敛, 而 $\sum_{n=1}^{\infty}|\alpha_n|$ 发散, 则称 $\sum_{n=1}^{\infty}\alpha_n$ 条件收敛.

定理 4.4 (1) 若 $\sum_{n=1}^{\infty}\alpha_n$ 绝对收敛, 则任意改变级数求和项的次序, 都不改变级数的绝对收敛性与和. (2) 若 $s=\sum_{n=1}^{\infty}\alpha_n, s'=\sum_{n=1}^{\infty}\alpha_n'$ 都绝对收敛, 则可以按照对角线法则计算级数乘积:

$$ss'=\sum_{n=1}^{\infty}\alpha_n\sum_{n=1}^{\infty}\alpha_n'=\alpha_1\alpha_1'+(\alpha_1\alpha_2'+\alpha_2\alpha_1')+\cdots.$$

证明 仿照实级数证明, 具体略.

定义 4.3 设函数项级数 $\sum_{n=1}^{\infty}f_n(z)$, 其中每项函数 $f_n(z)$ 在点集 $E\subset C$ 上有定义, $s_n(z)=\sum_{k=1}^{n}f_k(z)$. 若对于每点 $z\in E$, 当 $n\to\infty$ 时有 $s_n(z)\to s(z)$, 则称 $\sum_{n=1}^{\infty}f_n(z)$ 在 E 上收敛到和 $s(z)$. 若在 E 上, 当 $n\to\infty$ 时有 $s_n(z)$ 一致收敛到 $s(z)$, 则称 $\sum_{n=1}^{\infty}f_n(z)$ 在 E 上一致收敛到和 $s(z)$.

定理 4.5 点集 E 上的函数项级数 $\sum_{n=1}^{\infty}f_n(z)$ 一致收敛的充分且必要条件为对于任意的 $\varepsilon>0$, 存在正整数 $N=N(\varepsilon)$, 当 $n,m>N$ 时, 对于任意的 $z\in E$, 有 $|s_n(z)-s_m(z)|<\varepsilon$.

证明 必要性使用级数一致收敛的定义. 充分性证明, 利用定理 4.2 知函数项级数点点收敛, 令 $m\to\infty$, 得对于任意的 $\varepsilon>0$, 存在正整数 $N=N(\varepsilon)$, 当 $n,m>N$ 时, 对于任意的 $z\in E$, 有 $|s_n(z)-s(z)|<\varepsilon$, 则级数一致收敛. 证毕.

推论 4.3 若存在 M_n 使得 $|f_n(z)|\leqslant M_n$, $z\in E$, $(n=1,2,\cdots)$. 级数 $\sum M_n$ 收敛, 则 $\sum_{n=1}^{\infty}f_n(z)$在 E 上绝对收敛且一致收敛.(***M*-判别法**)

证明 $\left|\sum_{k=n}^{m}f_k(z)\right|\leqslant\sum_{k=n}^{m}|f_k(z)|\leqslant\sum_{k=n}^{m}M_k$, 由定理 4.5, 证毕.

例 4.2 级数 $\sum_{n=1}^{\infty}(-1)^n z^n$ 在 $|z|\leqslant r<1$ 上绝对收敛且一致收敛.

证明 $|(-1)^n z^n|\leqslant r^n, \sum_{n=1}^{\infty}r^n$ 收敛, 由推论 4.3, 证毕.

定理 4.6 设$s(z)=\sum_{n=1}^{\infty}f_n(z)$ 在区域 D 上一致收敛, $f_n(z)$ 在 D 上连续, $n=1,2,\cdots$,

则 $s(z)$ 在 D 上连续.

证明　利用三角不等式技巧可证, 具体略. 证毕.

定理 4.7　若 $s(z)=\sum\limits_{n=1}^{\infty} f_n(z)$ 在按段光滑的有向曲线 γ 一致收敛, $f_n(z)$ 在曲线 γ 上连续, $n=1,2,\cdots$, 则沿着 γ 级数可以逐项积分:

$$\int_\gamma s(z)\,dz=\sum_{n=1}^{\infty}\int_\gamma f_n(z)\,dz.$$

证明　设 γ 长度为 L. 由级数一致收敛得到: 对于任意的 $\varepsilon>0$, 存在正整数 $N=N(\varepsilon)$, 当 $n>N$ 时, 对于任意的 $z\in\gamma$, 有 $|s_n(z)-s(z)|<\varepsilon$. 从而

$$\begin{aligned}
&\left|\int_\gamma s(z)\,dz-\sum_{k=1}^{n}\int_\gamma f_k(z)\,dz\right|\\
=&\left|\int_\gamma s(z)\,dz-\int_\gamma\left(\sum_{k=1}^{n} f_k(z)\right)dz\right|\\
=&\left|\int_\gamma\left(s(z)-\sum_{k=1}^{n} f_k(z)\right)dz\right|\\
=&\left|\int_\gamma (s(z)-s_n(z))\,dz\right|\\
=&\int_\gamma |s(z)-s_n(z)|\,|dz|\\
\leqslant& L\varepsilon,\ \text{证毕}.
\end{aligned}$$

定义 4.4　设 $\sum\limits_{n=1}^{\infty} f_n(z)$ 定义在区域 D 上, 若该级数在 D 的任意有界闭集上一致收敛, 则称该级数在 D 内内闭一致收敛或局部一致收敛.

定理 4.8　级数 $\sum\limits_{n=1}^{\infty} f_n(z)$ 在圆 $|z-a|<R$ 上内闭一致收敛当且仅当对于任意的 $r, 0<r<R$, $\sum\limits_{n=1}^{\infty} f_n(z)$ 在 $|z-a|\leqslant r$ 上一致收敛.

证明　"$\Rightarrow$"　$\{|z-a|\leqslant r\}$ 为有界闭集.

"$\Leftarrow$" 设 $E\subset\{|z-a|<R\}$ 为任意有界闭集, $\sup\{|\zeta|:\zeta\in E\}=\rho$, 则 $\rho<R$, 从而 $E\subset\{|z-a|\leqslant\rho\}$, 所以 $\sum\limits_{n=1}^{\infty} f_n(z)$ 在 E 上一致收敛. 证毕.

函数项级数一致收敛蕴含内闭一致收敛, 内闭一致收敛蕴含收敛. 反之不然.

例 4.3　级数 $\sum\limits_{n=1}^{\infty} z^n$ 在 $|z|<1$ 上内闭一致收敛, 但不一致收敛.

证明　**方法一**　采用柯西一致收敛准则的否定形式.

因为

$$\sum_{n=k}^{2k}\left(\frac{1}{\sqrt[n]{n}}\right)^n \geqslant \frac{k}{2k}=\frac{1}{2}=\varepsilon_0,$$

所以级数在 $|z|<1$ 内不一致收敛. 证毕.

方法二 反证. 若 $\sum\limits_{n=1}^{\infty} z^n$ 在 $|z|<1$ 上一致收敛, 则对于任意的 $\varepsilon>0$, 存在 $N=N(\varepsilon)>0$, 当 $n,m>N$ 时, 对于圆 $|z|<1$ 内任一点 z 都有 $\left|\sum\limits_{k=n+1}^{m} z^k\right|<\varepsilon$, 令 $z\to z_0\in\{|z|=1\}$, 所以 $\left|\sum\limits_{k=n+1}^{m} z^k\right|\leqslant\varepsilon$对于闭圆 $|z|\leqslant 1$ 成立, 故级数 $\sum\limits_{n=1}^{\infty} z^n$ 在闭圆 $|z|\leqslant 1$ 上一致收敛, 从而在 $|z|=1$ 上, 当 $n\to\infty$ 时, z^n 应该一致收敛到 0, 而 $|z^n|=1\nrightarrow 0$, 矛盾. 证毕.

定理 4.9 设$\sum\limits_{n=1}^{\infty} f_n(z)$ 在区域 D 内内闭一致收敛于 $f(z)$, 每项 $f_n(z)$ 在域 D 内解析, $(n=1,2,\cdots)$, 则

(1) $f(z)$ 在域 D 内解析;

(2) 对于任意正整数 p, $\sum\limits_{n=1}^{\infty} f_n^{(p)}(z)$ 在区域 D 内内闭一致收敛于 $f^{(p)}(z)$;

(3) 对于任意按段光滑的有向曲线 γ,

$$\int_\gamma f(z)\,dz=\sum_{n=1}^{\infty}\int_\gamma f_n(z)\,dz.$$

证明 (1) 利用 Morera 定理来证明. 只要证明 $f(z)$ 在任意确定的一点 $z_0\in D$ 的解析性. 取 $\rho>0$, 使得 $\bar{K}=\{|z-z_0|\leqslant\rho\}\subset D$, 显然, $\sum\limits_{n=1}^{\infty} f_n(z)$ 在有界闭集 $\bar{K}$ 上一致收敛于 $f(z)$, 每项 $f_n(z)$ 在 $\bar{K}$ 上连续, 由定理 4.6, $f(z)$ 在 $\bar{K}$ 上连续.

设 γ 为 $K=\{|z-z_0|<\rho\}\subset D$ 内按段光滑的任意围线, $\sum\limits_{n=1}^{\infty} f_n(z)$ 在有界闭集 γ 上一致收敛于 $f(z)$, 每项 $f_n(z)$ 在 γ 上连续, 由定理 4.7 并应用柯西积分定理得

$$\oint_\gamma f(z)\,dz=\sum_{n=1}^{\infty}\oint_\gamma f_n(z)\,dz=\sum_{n=1}^{\infty}0=0.$$

根据 Morera 定理知, $f(z)$ 在 K 上解析, 从而在 z_0 点解析, 由 z_0 点的任意性, $f(z)$ 在区域 D 内解析.

(2) 先证明 $\sum\limits_{n=1}^{\infty} f_n^{(p)}(z)$ 在区域 D 上的内闭一致收敛性, 不妨只证明 $p=1$ 情形, 事实上, 设紧集 $E\subset D$, 故存在有界开区域 $D_1\subset D$ 使得

$$E\subset D_1\subset\bar{D}_1\subset D,$$

$\partial D_1 = \Gamma$ 为按段光滑的逆时针围线, $d = \operatorname{dist}(\Gamma, E) > 0$.

$\sum\limits_{n=1}^{\infty} f_n(z)$ 在紧集 $\bar{D}_1$ 上一致收敛蕴含着对于任意的 $\varepsilon > 0$, 存在正整数 $N = N(\varepsilon) > 0$, 当 $n, m > N$ 时, 对于任意的 $z \in \bar{D}_1$ 有 $\left|\sum\limits_{k=n+1}^{m} f_k(z)\right| < \varepsilon$, 从而对于 $z \in E$ 也有

$$
\begin{aligned}
&\left|f'_{n+1}(z) + \cdots + f'_m(z)\right| \\
=&\left|\frac{1}{2\pi i}\oint_{\Gamma}\frac{f_{n+1}(\zeta)}{(\zeta - z)^2}d\zeta + \cdots + \frac{1}{2\pi i}\oint_{\Gamma}\frac{f_m(\zeta)}{(\zeta - z)^2}d\zeta\right| \\
=&\left|\frac{1}{2\pi i}\oint_{\Gamma}\frac{f_{n+1}(\zeta) + \cdots + f_m(\zeta)}{(\zeta - z)^2}d\zeta\right| \\
\leqslant&\frac{1}{2\pi}\oint_{\Gamma}\frac{|f_{n+1}(\zeta) + \cdots + f_m(\zeta)|}{|\zeta - z|^2}|d\zeta| \\
\leqslant&\frac{1}{2\pi}\frac{\varepsilon}{d^2}L = \frac{L}{2\pi d^2}\varepsilon,
\end{aligned}
$$

其中 L 为 Γ 长度.

所以 $\sum\limits_{n=1}^{\infty} f'_n(z)$ 在 E 上一致收敛, 在 D 上内闭一致收敛.

下证在 D 上恒有 $f^{(p)}(z) = \sum\limits_{n=1}^{\infty} f_n^{(p)}(z)$. 任意取定 $z_0 \in D$, 取 $\rho > 0$, 使得 $\{|z - z_0| \leqslant \rho\} \subset D$, 记 $\gamma : \{|z - z_0| = \rho\}$ 逆时针方向.

因为 $\sum\limits_{n=1}^{\infty} f_n(\zeta)$ 在有界闭集 γ 上一致收敛于 $f(\zeta)$, 且因为 $\dfrac{1}{(\zeta - z_0)^{p+1}}$ 为 γ 上有界函数, 故 $\sum\limits_{n=1}^{\infty}\dfrac{f_n(\zeta)}{(\zeta - z_0)^{p+1}}$ 在 γ 上一致收敛于 $\dfrac{f(\zeta)}{(\zeta - z_0)^{p+1}}$, 每项 $\dfrac{f_n(\zeta)}{(\zeta - z_0)^{p+1}}$ 在 γ 上连续, 由逐项积分定理即定理 4.7 并应用高阶导数公式得

$$
\begin{aligned}
\frac{2\pi i f^{(p)}(z_0)}{p!} &= \oint_{\gamma}\frac{f(\zeta)\,d\zeta}{(\zeta - z_0)^{p+1}} \\
&= \sum_{n=1}^{\infty}\oint_{\gamma}\frac{f_n(\zeta)\,d\zeta}{(\zeta - z_0)^{p+1}} \\
&= \sum_{n=1}^{\infty}\frac{2\pi i f_n^{(p)}(z_0)}{p!},
\end{aligned}
$$

所以, $f^{(p)}(z_0) = \sum\limits_{n=1}^{\infty} f_n^{(p)}(z_0)$.

(3) 因为 γ 为有界闭集, 由定理 4.7, 显然. 证毕.

上述定理称为**Weierstrass 第一定理**, 下述定理称为**Weierstrass 第二定理**.

定理 4.10 设 D 为有界区域, 其边界为 ∂D, 若 $\sum\limits_{n=1}^{\infty} f_n(z)$ 在 ∂D 上一致收敛, 每项 $f_n(z)$ 在域 D 内解析, 在 $\bar{D}$ 上连续, $(n=1,2,\cdots)$, 则 $\sum\limits_{n=1}^{\infty} f_n(z)$ 在 $\bar{D}$ 上一致收敛.

证明 由已知得, 对于任意的 $\varepsilon>0$, 存在正整数 $N=N(\varepsilon)>0$, 当 $n,m>N$ 时, 对于任意的 $z\in\partial D$, 有 $\left|\sum\limits_{k=n+1}^{m} f_k(z)\right|<\varepsilon$. 由最大模原理, 上述不等式在 $\bar{D}$ 上成立, 由柯西一致收敛准则知定理结论成立. 证毕.

4.2 幂 级 数

定义 4.5 级数 $\sum\limits_{n=0}^{+\infty} c_n(z-a)^n$ 称为幂级数, 显然该级数一定在 a 点收敛, 令 $\zeta=z-a$, 则幂级数 $\sum\limits_{n=0}^{+\infty} c_n\zeta^n$ 在点 $\zeta=0$ 收敛.

定理 4.11 (1) 若幂级数 $\sum\limits_{n=0}^{+\infty} c_n z^n$ 在点 $z_0\neq 0$ 收敛, 则该级数在 $\{|z|<|z_0|\}$ 内绝对收敛且在任意圆 $\{|z|\leqslant k|z_0|\}\,(0<k<1)$ 上一致收敛. (2) 若级数 $\sum\limits_{n=0}^{+\infty} c_n z^n$ 在点 $z_1\neq 0$ 发散, 则该级数在 $\{|z|>|z_1|\}$ 内发散.

上述定理称为**Abel 第一定理**.

证明 (1) 因为级数$\sum\limits_{n=0}^{+\infty} c_n z_0^n$ 收敛, 所以当 $n\to\infty$ 时有 $c_n z_0^n\to 0$. 从而 $M>0$, 存在使得 $|c_n z_0^n|\leqslant M\ (n=0,1,2,\cdots)$, 则当 $|z|<|z_0|$ 时有

$$|c_n z^n|=\left|c_n z_0^n\left(\frac{z}{z_0}\right)^n\right|\leqslant M\left|\frac{z}{z_0}\right|^n,$$

由$\left|\dfrac{z}{z_0}\right|<1$ 知级数 $\sum M\left|\dfrac{z}{z_0}\right|^n$ 收敛, 由正项级数判别法, 级数 $\sum\limits_{n=0}^{+\infty} c_n z^n$ 在 $|z|<|z_0|$ 内绝对收敛.

又若 $|z|\leqslant k|z_0|$, 则

$$|c_n z^n|\leqslant Mk^n,$$

因为 $\sum Mk^n$, 由 M-判别法知 $\sum\limits_{n=0}^{+\infty} c_n z^n$ 在 $|z|\leqslant k|z_0|$ 内一致收敛.

(2) 反证. 若存在点 $z_2, |z_2|>|z_1|$, 使得 $\sum\limits_{n=0}^{+\infty} c_n z_2^n$ 收敛, 则由第 (1) 部分知, 级数 $\sum\limits_{n=0}^{+\infty} c_n z^n$ 在 $|z|<|z_2|$ 内绝对收敛, 从而 $\sum\limits_{n=0}^{+\infty} c_n z_1^n$ 收敛, 矛盾. 证毕.

推论 4.4　任何幂级数 $\sum\limits_{n=0}^{+\infty} c_n z^n$ 都有一个收敛半径 $R(0 \leqslant R \leqslant +\infty)$, 使得该级数在 $|z|<R$ 内收敛, 在 $|z|>R$ 上发散, 实际上, 在收敛圆 $|z|<R$ 内该级数绝对收敛且内闭一致收敛.

证明　若级数 $\sum\limits_{n=0}^{+\infty} c_n z^n$ 仅在 $z=0$ 收敛, 其他点都不是其收敛点, 则收敛半径 $R=0$.

若级数 $\sum\limits_{n=0}^{+\infty} c_n z^n$ 在复平面 C 上处处收敛, 则收敛半径 $R=+\infty$, 收敛圆 $|z|<+\infty$.

若级数$\sum\limits_{n=0}^{+\infty} c_n z^n$ 存在收敛点 $z_1 \neq 0$ 和发散点 $z_2 \neq 0$, 则取闭区间 $[a_1, b_1]$, 其中 $a_1 = |z_1|, b_1 = |z_2|$. 取点$z_3 \in \left\{|z| = \dfrac{a_1+b_1}{2}\right\}$, 若 z_3 为收敛点, 则取 $a_2 = |z_3|, b_2 = |z_2|$; 若 z_3 为发散点, 则取 $a_2 = |z_1|, b_2 = |z_3|$. 这样得到一闭区间套 $\{[a_n,\ b_n]\}$, 由闭区间套定理可得: 一定存在唯一的 $R(0<R<+\infty)$, 使得 $\sum\limits_{n=0}^{+\infty} c_n z^n$ 在 $|z|<R$ 内收敛, 在 $|z|>R$ 上发散, 结合定理 4.11 易证 $\sum\limits_{n=0}^{+\infty} c_n z^n$ 在 $|z|<R$ 内绝对收敛且内闭一致收敛. 证毕.

如果在圆周 $|z|=R$ 上, $R>0$, 级数$\sum\limits_{n=0}^{+\infty} c_n z^n$ 既存在收敛点, 也存在发散点, 则级数 $\sum\limits_{n=0}^{+\infty} c_n z^n$ 收敛半径一定为 R. 一般情况下, 在收敛圆的圆周上是不是都是这种情况呢? 下面例 4.4 有很好的说明.

例 4.4　(1) $\sum\limits_{n=0}^{+\infty} z^n$ 收敛圆为 $\{|z|<1\}$, 在圆周 $|z|=1$ 上处处发散.

(2) $\sum\limits_{n=0}^{+\infty} (-1)^n \dfrac{z^n}{n}$ 收敛圆为 $\{|z|<1\}$, 在圆周 $|z|=1$ 上 $z=1$ 为收敛点, $z=-1$ 为发散点.

(3) $\sum\limits_{n=0}^{+\infty} \dfrac{z^n}{n^2}$ 收敛域为 $\{|z| \leqslant 1\}$, 在圆周 $|z|=1$ 上处处收敛.

证明　(1) 当 $|z|<1$ 时, 部分和 $s_n = 1+z+\cdots+z^{n-1} = \dfrac{1-z^n}{1-z}$, 令 $n\to\infty$ 得 $\sum\limits_{n=0}^{+\infty} z^n = \dfrac{1}{1-z}$. 当 $|z| \geqslant 1$ 时一般项 $u_n(z) = z^n \nrightarrow 0$, 故级数 $\sum\limits_{n=0}^{+\infty} z^n$ 在 $|z| \geqslant 1$ 上发散. 所以 $\sum\limits_{n=0}^{+\infty} z^n = \dfrac{1}{1-z}$ 收敛当且仅当 $|z|<1$.

(2) $\sum\limits_{n=0}^{+\infty} (-1)^n \dfrac{z^n}{n}$ 以 $z=1$ 为收敛点, $z=-1$ 为发散点, 由定理 4.11, $R=1$ 为收敛半径,

收敛圆 $\{|z|<1\}$.

(3) 当 $|z|\leqslant 1$ 时, $\left|\dfrac{z^n}{n^2}\right|\leqslant\dfrac{1}{n^2}$, $\sum\limits_{n=0}^{+\infty}\dfrac{1}{n^2}$ 收敛, 由 M-判别法, $\sum\limits_{n=0}^{+\infty}\dfrac{z^n}{n^2}$ 在 $|z|\leqslant 1$ 上绝对收敛且一致收敛. 当 $|z|>1$ 时, 一般项 $\dfrac{z^n}{n^2}\nrightarrow 0$, 级数 $\sum\limits_{n=0}^{+\infty}\dfrac{z^n}{n^2}$ 发散. 证毕.

推论 4.5 级数 $\sum\limits_{n=0}^{+\infty}c_nz^n$ 的收敛半径可以计算为 $R=\dfrac{1}{L}$, 其中 $L=\overline{\lim\limits_{n\to\infty}}\sqrt[n]{|c_n|}$.

证明 考虑实数项幂级数 $\sum\limits_{n=0}^{+\infty}|c_n|x^n$, 由数学分析已知其收敛半径为 $R_1=\dfrac{1}{L}$, $L=\overline{\lim\limits_{n\to\infty}}\sqrt[n]{|c_n|}$. 只要证明 $\sum\limits_{n=0}^{+\infty}|c_n|x^n$ 与 $\sum\limits_{n=0}^{+\infty}c_nz^n$ 有相同的收敛半径. 当 $0<r<R_1$ 时 $\sum\limits_{n=0}^{+\infty}|c_n|r^n$ 收敛, 从而 $\sum\limits_{n=0}^{+\infty}c_nr^n$ 收敛, 故 $r\leqslant R$, 令 $r\to R_1$, 得到 $R_1\leqslant R$. 反之, 当 $0<r<R$ 时, 由推论 4.4 知 $\sum\limits_{n=0}^{+\infty}|c_n|r^n$ 收敛, 故 $r\leqslant R_1$, 令 $r\to R$, 得 $R\leqslant R_1$. 故 $R=R_1$. 证毕.

定理 4.12 设 $\sum\limits_{n=0}^{+\infty}c_n(z-a)^n$ 的收敛圆为 $K:|z-a|<R$, 则其和函数 $f(z)$ 在 K 内解析, 且在 K 内恒有

$$f^{(k)}(z)=\sum_{n=k}^{+\infty}\frac{n!}{(n-k)!}c_n(z-a)^{n-k},$$

其中 $c_n=\dfrac{f^{(n)}(a)}{n!}$, $(n=0,1,2,\cdots)$, k 为正整数.

证明 由推论 4.4 知幂级数 $\sum\limits_{n=0}^{+\infty}c_n(z-a)^n$ 在 K 内内闭一致收敛, 而每项 $c_n(z-a)^n$ 在 K 上解析, 由定理 4.9 知和函数 $f(z)$ 在 K 内解析, 且级数 $\sum\limits_{n=0}^{+\infty}c_n(z-a)^n$ 在 k 阶逐项求导之后 $\sum\limits_{n=k}^{+\infty}\dfrac{n!}{(n-k)!}c_n(z-a)^{n-k}$ 仍然在 K 上内闭一致收敛于 $f^{(k)}(z)$. 令 $z=a$, 得 $c_n=\dfrac{f^{(n)}(a)}{n!}$. 证毕.

4.3 解析函数的泰勒展开式

作为定理 4.12 的逆定理, 有

定理 4.13 若 $f(z)$ 在圆 $K:|z-a|<R$ 内解析, 则 $f(z)$ 在 K 内可以展开为幂级数:

$$f(z)\overset{K}{=}\sum_{n=0}^{+\infty}c_n(z-a)^n,\ \text{其中}\quad c_n=\frac{f^{(n)}(a)}{n!},(n=0,1,2,\cdots).$$

上述定理称为**泰勒 (Taylor) 定理**. 上述系数 c_n 称为**泰勒系数**. 具有泰勒系数的幂级数称为**泰勒级数**(即上式右边), 具有泰勒系数的函数的幂级数展开式称为**泰勒展开式**(即上式).

证明　任意取定 $z \in K$, 作逆时针方向的圆周 $\gamma: |z-a| = r < R$, 使得 z 位于 γ 内部. 由柯西积分公式,

$$f(z) = \frac{1}{2\pi i}\oint_\gamma \frac{f(\zeta)}{\zeta - z} d\zeta,$$

当 $\zeta \in \gamma$ 时, $\left|\frac{z-a}{\zeta-a}\right| < 1$,

$$\begin{aligned}\frac{1}{\zeta - z} &= \frac{1}{(\zeta-a)-(z-a)}\\ &= \frac{1}{\zeta-a}\cdot\frac{1}{1-\frac{z-a}{\zeta-a}}\\ &= \frac{1}{\zeta-a}\sum_{n=0}^{+\infty}\left(\frac{z-a}{\zeta-a}\right)^n\\ &= \sum_{n=0}^{+\infty}\frac{(z-a)^n}{(\zeta-a)^{n+1}}\end{aligned}$$

上述级数 (关于 ζ) 在 γ 上一致收敛, 乘以一个 γ 上的有界函数 $f(\zeta)$ 后仍然一致收敛, 根据定理 4.7, 可以在 γ 上逐项积分, 并应用高阶导数公式, 得到

$$\begin{aligned}f(z) &= \frac{1}{2\pi i}\oint_\gamma \frac{f(\zeta)}{\zeta - z} d\zeta\\ &= \sum_{n=0}^{+\infty}\left(\frac{1}{2\pi i}\oint_\gamma \frac{f(\zeta)\,d\zeta}{(\zeta-a)^{n+1}}\right)(z-a)^n\\ &= \sum_{n=0}^{+\infty}\frac{f^{(n)}(a)}{n!}(z-a)^n\\ &= \sum_{n=0}^{+\infty}c_n(z-a)^n.\end{aligned}$$

证毕.

注 4.1　解析函数的幂级数展开式是唯一的. 事实上, 如果

$$f(z) \overset{K}{=} \sum_{n=0}^{+\infty}c_n(z-a)^n = \sum_{n=0}^{+\infty}c_n'(z-a)^n,$$

则只要对上式两边逐项求导并代入 $z=a$, 不断重复这个过程, 得到

$$c_n = c_n' = \frac{f^{(n)}(a)}{n!}\ (n = 0, 1, 2, \cdots).$$

从而, 一个幂级数与在其收敛圆内的和函数在该圆内的泰勒级数是一致的.

注 4.2 若 $f(z)$ 在 $K:|z-a|<R$ 内解析, 在圆周 $|z-a|=R$ 上有一个奇点, 则 $f(z)$ 在 K 上的泰勒展开式的收敛半径为 R. 从而我们得到一个计算解析函数的幂级数展开式收敛半径的计算公式:$R=a$ 点与 $f(z)$ 的最近奇点的距离.

证明 由泰勒定理, $f(z)$ 在 a 点的泰勒展开式为

$$f(z)=\sum_{n=0}^{+\infty}c_n(z-a)^n,$$

上式右边幂级数的收敛半径至少是 R. 若右边幂级数收敛域包含更大的圆 $|z-a|<R+\varepsilon,\varepsilon>0$, 则其和函数 $f_1(z)$ 在 $|z-a|<R+\varepsilon$ 上解析, 由本章第四节的唯一性定理知 $f(z)\equiv f_1(z)$, 这与 $f(z)$ 在圆周 $|z-a|=R$ 上有一个奇点矛盾. 证毕.

注 4.3 柯西不等式相应于泰勒系数的等价形式. 设 $f(z)$ 在 $K:|z-a|\leqslant R$ 上解析, 则 $f(z)$ 在 a 点可以展开为泰勒级数

$$f(z)=\sum_{n=0}^{+\infty}c_n(z-a)^n,$$

其中 $c_n=\dfrac{f^{(n)}(a)}{n!}\,(n=0,1,2,\cdots)$.

另一方面, 柯西不等式为 $\left|f^{(n)}(a)\right|\leqslant\dfrac{n!M(R)}{R^n}\,(n=0,1,2,\cdots)$, 所以, $|c_n|\leqslant\dfrac{M(R)}{R^n}(n=0,1,2,\cdots)$.

例 4.5 已知几何幂级数 $\sum\limits_{n=0}^{+\infty}z^n$ 收敛当且仅当 $|z|<1$, 即

$$\sum_{n=0}^{+\infty}z^n=\frac{1}{1-z},\quad |z|<1.$$

用**代换法**, 把上式中 z 的换为 $-z,z^2$, 以及对上式两边**逐项求导, 逐项积分**分别得到下列泰勒展开式:

$$\frac{1}{1+z}=\sum_{n=0}^{+\infty}(-1)^n z^n,\quad |z|<1.$$

$$\frac{1}{1-z^2}=\sum_{n=0}^{+\infty}z^{2n},\quad |z|<1.$$

$$\begin{aligned}\frac{1}{(1-z)^2}&=\left(\frac{1}{1-z}\right)'\\&=\sum_{n=1}^{+\infty}nz^{n-1},\quad |z|<1.\end{aligned}$$

$$\ln(1+z)=\int_0^z\frac{dz}{1+z}$$

$$=\sum_{n=0}^{+\infty}(-1)^n\int_0^z z^n dz$$
$$=\sum_{n=0}^{+\infty}(-1)^n\frac{z^{n+1}}{n+1},\quad |z|<1.$$

例 4.6　设 $f(z)=\dfrac{1}{z-b}$ 在 a 点的泰勒展开式 $a\neq b$, 并指出收敛半径.

解　采用**几何幂级数展开法**.

$$\begin{aligned}f(z)=&\frac{1}{z-b}\\=&\frac{1}{(z-a)-(b-a)}\\=&\frac{-1}{b-a}\cdot\frac{1}{1-\dfrac{z-a}{b-a}}\\=&-\sum_{n=0}^{+\infty}\frac{(z-a)^n}{(b-a)^{n+1}},\quad |z-a|<|b-a|.\end{aligned}$$

收敛半径 $R=|b-a|$.

例 4.7　设求 $f(z)=e^z$ 在 $z=0$ 点的泰勒展开式.

解　直接应用**泰勒定理**. $f(z)=e^z$ 在复平面上解析, 故泰勒级数的收敛半径 $R=+\infty$. 经计算 $f^{(n)}(z)=e^z, f^{(n)}(0)=1$, 所以

$$f(z)=e^z=\sum_{n=0}^{+\infty}\frac{z^n}{n!},\quad |z|<+\infty.$$

用 $z-a$ 代替上式中的 z, 得到 e^z 在 a 点的泰勒展开式:

$$\frac{e^z}{e^a}=e^{z-a}=\sum_{n=0}^{+\infty}\frac{(z-a)^n}{n!},\quad |z-a|<+\infty,$$

$$e^z=\sum_{n=0}^{+\infty}\frac{e^a(z-a)^n}{n!},\quad |z-a|<+\infty.$$

利用**级数的四则运算等性质**还可以得到:

$$\begin{aligned}\cos z=&\frac{e^{iz}+e^{-iz}}{2}\\=&\sum_{n=0}^{+\infty}\frac{(-1)^n}{(2n)!}z^{2n},\quad |z|<+\infty.\\\sin z=&\frac{e^{iz}-e^{-iz}}{2i}\\=&\sum_{n=0}^{+\infty}\frac{(-1)^n}{(2n+1)!}z^{2n+1},\quad |z|<+\infty.\end{aligned}$$

结合定理 4.12, 定理 4.13, 我们立即得到刻画函数解析性的等价条件.

定理 4.14 设 $f(z)$ 在区域 D 内解析的充要条件是 $f(z)$ 在任意一点 $a \in D$ 可以展开为泰勒级数.

4.4 解析函数的唯一性定理

定义 4.6 设 $f(z)$ 在区域 D 内解析且不恒为 0. 若 $f(a)=0$, $a \in D$, 则 a 称为 $f(z)$ 的零点; 若

$$f(a)=f'(a)=\cdots=f^{(m-1)}(a)=0, \text{且} f^{(m)}(a) \neq 0,$$

m 为正整数, 则称 a 称为 $f(z)$ 的 m 级零点, 当 $m=1$ 时, a 又称为 $f(z)$ 的简单零点.

若 a 为 $f(z)$ 的零点, 且 $f(z)$ 在一个去心邻域 $U^{\circ}(a, \delta)$ 内没有零点, 则 a 称为 $f(z)$ 的一个孤立零点.

定理 4.15 设 $f(z)$ 在区域 D 内解析且不恒为 0, 则 a 为 $f(z)$ 的 m 级零点当且仅当 $f(z)=(z-a)^m g(z)$, 其中 $g(z)$ 在 a 点解析且 $g(a) \neq 0$.

证明 "$\Rightarrow$" 已知 $f(a)=f'(a)=\cdots=f^{(m-1)}(a)=0$, 且 $f^{(m)}(a) \neq 0$, 由 $f(z)$ 在邻域 $U(a,r)$ 内的泰勒展开式:

$$\begin{aligned} f(z) =& \frac{f^{(m)}(a)}{m!}(z-a)^m \\ &+ \frac{f^{(m+1)}(a)}{(m+1)!}(z-a)^{m+1}+\cdots\cdots \\ =& (z-a)^m g(z), \end{aligned}$$

其中 $g(z)=\dfrac{f^{(m)}(a)}{m!}+\dfrac{f^{(m+1)}(a)}{(m+1)!}(z-a)+\cdots$, 显然 $g(z)$ 在 $U(a,r)$ 内解析且 $g(a)=\dfrac{f^{(m)}(a)}{m!} \neq 0$.

"$\Leftarrow$" 直接验证可得 $f(a)=f'(a)=\cdots=f^{(m-1)}(a)=0$, 且 $f^{(m)}(a) \neq 0$.(另外, 应用泰勒展开式的唯一性也可以证明) 证毕.

定理 4.16 不恒为 0 的解析函数的任何零点都是孤立零点.

证明 设 a 为 $f(z)$ 的 m 级零点, 则 $f(z)=(z-a)^m g(z)$, 其中 $g(z)$ 在 a 点解析且 $g(a) \neq 0$. 由 $g(z)$ 的连续性知, 存在邻域 $U(a,r)$, 使得 $g(z) \neq 0, z \in U(a,r)$, 故 $f(z) \neq 0, z \in U^{\circ}(a,r)$, 即 a 为 $f(z)$ 的孤立零点. 证毕.

利用零点的孤立性可以证明下述解析函数的唯一性定理.

定理 4.17 设 $f(z)$ 在圆域 $K: |z-a|<R$ 上解析, 存在点列 $z_n \in K, z_n \neq a$, $z_n \to a\,(n \to \infty)$ 使得 $f(z_n)=0$, 则 $f(z) \equiv 0, z \in K$.

证明　如果 $f(z)\neq 0$, 则由函数 $f(z)$ 的连续性,

$$f(a)=\lim_{n\to\infty}f(z_n)=0,$$

则 a 为 $f(z)$ 的非孤立零点, 矛盾. 证毕.

下述定理是稍微推广的一般的**唯一性定理**.

定理 4.18　设 $f(z),g(z)$ 在区域 D 内解析, 存在点列 $z_n\in D, z_n\neq a$, $z_n\to a\in D\,(n\to\infty)$ 使得 $f(z_n)=g(z_n)\,(n=1,2,\cdots)$, 则在 D 内恒有 $f(z)\equiv g(z)$.

注意在定理 4.18 的条件中, a 为区域 D 的内点而不是边界点.

证明　令 $h(z)=f(z)-g(z)$, 应用定理 4.17 和**滚圆法**加以证明. 若 $D=\{|z-a|<R\}$ 或 $C=\{|z-a|<+\infty\}$, 则由定理 4.17,$h(z)\equiv 0$. 一般情形, 只要证明对于任意确定的点 $b\in D, h(b)=0$. 因为 D 为区域 (连通的开集), 所以存在完全含于 D 内的折线 L 连接 a、b 两点, 设 d 为折线 L 与区域 D 的边界 ∂D 间的距离, 则 $d>0$. 取定 $r, 0<r<d$. 在 L 上依次取点 $a_1=a, a_2,\cdots,a_{n-1}, a_n=b$ 使得相邻两点间的距离 $<r$, 以 a_j 为心, r 为半径, 作 n 个圆 $K_j:|z-a_j|<r$. 在 K_1 上, 由定理 4.17, 恒有 $h(z)\equiv 0$. 因为 $a_2\in K_1\cap K_2$, 所以在 K_2 上, 应用定理 4.17, 恒有 $h(z)\equiv 0$. 这样逐步可得在 K_n 上, 恒有 $h(z)\equiv 0$. 所以 $h(b)=0$. 证毕.

下面的例 4.8 说明, 如果极限点 a 在区域 D 的边界上, 即 $a\in\partial D$, 则定理 4.18 不成立.

例 4.8　设$f(z)=\sin\dfrac{1}{1-z}$ 在区域 $D=C\backslash\{1\}$ 内不恒为 0, 但 $f(z)$ 在 D 内存在零点序列 $z_n=1-\dfrac{1}{n\pi}\to 1\in\partial D, (n\to\infty)$.

例 4.9　设 $f(z)$ 在复平面 C 上解析, $z_n=2\pi i+\dfrac{1}{n}$, $f(z_n)=e^{1/n}$, $n=1,2,\cdots$, 则 $f(z)=e^z$.

证明　$f(z), e^z$ 都在复平面上解析, $f(z_n)=e^{1/n}=e^{z_n}$, $z_n=2\pi i+\dfrac{1}{n}\to 2\pi i\in C, (n\to\infty)$. 由唯一性定理 (定理 4.18 或定理 4.17) 知 $f(z)=e^z$. 证毕.

推论 4.6　设 $f(z),g(z)$ 在区域 D 内解析, 若在 D 的子区域 D_1 或一段弧 $\gamma\subset D$ 上 $f(z)$ 与 $g(z)$ 相等, 则在 D 上, $f(z)\equiv g(z)$.

推论 4.7　设 $f(z),g(z)$ 在包含实轴的区域 D 上解析, 在实轴上 $f(z)$ 与 $g(z)$ 恒等, 则在 D 上, $f(z)\equiv g(z)$. 这意味着在实轴上成立的实三角函数恒等式在包含实轴的相应复三角函数的复平面定义域内也恒等.

习　题　4

1. 讨论下列级数的敛散性.

(1) $\sum_{n=1}^{\infty} \frac{i^n}{n}$;

(2) $\sum_{n=1}^{\infty} \frac{1}{(1+i)^{2n}}$;

(3) $\sum_{n=1}^{\infty} \left(\frac{a}{n} - \frac{b}{n+1}\right)$;

(4) $\sum_{n=1}^{\infty} \frac{1}{1+i^n}$;

(5) $\sum_{n=1}^{\infty} \frac{(3+5i)^n}{n!}$.

2. 求下列幂级数的收敛半径.

(1) $\sum_{n=1}^{\infty} \frac{z^n}{n^p}$($p$ 为正整数);

(2) $\sum_{n=1}^{\infty} \frac{(n!)^2}{n^n} z^n$;

(3) $\sum_{n=1}^{\infty} (1+i)^n z^n$;

(4) $\sum_{n=0}^{\infty} [2+(-1)^n]^n z^n$.

3. 把下列各函数展开成 z 的幂级数, 并指出展开式成立的范围.

(1) $\frac{1}{az+b}$(a, b 为复数, 且 $b \neq 0$);

(2) $\sin^2 z$;

(3) $\frac{1}{(1-z)^2}$;

(4) $e^{\frac{z}{z-1}}$;

(5) $\cos z^2$;

(6) $e^z \sin z$;

(7) $\frac{z^4+z^3-5z^2-8z-7}{(z-3)(z+1)^2}$.

4. 把下列函数按 $z-1$ 的幂展开, 并指明其收敛范围.

(1) $\frac{z-1}{z+1}$;

(2) $\frac{z}{z^2-2z+5}$.

5. 求幂级数 $\sum_{n=0}^{\infty} (n+1)(z-3)^{n+1}$ 的和函数.

6. 展开函数 $f(z) = e^{e^z}$ 成 z 的幂级数到 z^3 项.

7. 求 $f(z) = e^z \cos z$ 在 $z = 0$ 的泰勒展开式.

8. 用逐项求导法求函数 $\frac{1}{(1-z)^3}$ 在 $|z| < 1$ 内的泰勒展开式.

9. 求函数

$$f(z) = \frac{z^4+z^3-5z^2-8z-7}{(z-3)(z+1)^2}$$

在点 $z = 0$ 的泰勒展开式.

10. 设 (1)$f(z)$ 在区域 D 内解析, (2) 在某一点 $z_0 \in D$ 有

$$f^{(n)}(z_0) = 0, \quad n = 1, 2, \cdots,$$

试证: $f(z)$ 在 D 内必为常数.

11. 试证: 在单位圆 $|z| < 1$ 内, 级数

$$z + (z^2 - z) + \cdots + (z^n - z^{n-1}) + \cdots$$

收敛于函数 $f(z)\equiv 0$, 但它并非一致收敛的.

12. 设级数 $\sum\limits_{n=1}^{\infty} f_n(z)$ 在点集 E 上一致收敛于 $f(z)$, 且在 E 上 $|g(z)|<M(M<+\infty)$, 则级数

$$\sum_{n=1}^{\infty} g(z)f_n(z)$$

在 E 上一致收敛于 $g(z)\cdot f(z)$.

13. 求 $\tan z$ 的全部零点, 并指出它们各是几级零点.

14. 指出函数 $f(z)=\sin z^2(\cos z^2-1)$ 的零点 $z=0$ 的级.

15. 求 $f(z)=\sin z-\sin a$ 的所有零点, 并指出它们的级.

16. 在点 $z=0$ 解析, 且满足条件

$$f\left(\frac{1}{n}\right)=f\left(-\frac{1}{n}\right)=\frac{1}{n^2}\quad (n=1,2,\cdots)$$

的函数 $f(z)$ 是否存在?

17. 设 $f(z)$ 在区域 D 内解析, 且有 z_1、$z_2\in D$, 而 $f'(z_1)\neq 0$, 则在 z_2 的邻域内 $f(z)$ 不能是一个常数.

18. 设函数 $f(z)$ 在复平面上解析, 且

$$f\left(\frac{1}{n}\right)=\frac{n^2+1}{n^5}, n=1,2,\cdots,$$

证明: 在复平面上, $f\left(z\right)=z^3+z^5$.

19. 设 $f(z)$ 在复平面上解析, 且存在正数 $M>0$, 使得

$$|f\left(z\right)|\leqslant M\left|z\right|^k, z\in C,\ k \text{ 为正整数}.$$

证明: $f(z)$ 为多项式.

第 5 章　解析函数的洛朗展开式

5.1　解析函数的洛朗级数

定义 5.1　级数 $\sum\limits_{n=-\infty}^{+\infty} c_n (z-a)^n$ 称为双边幂级数. 特别地, 当 $c_{-n}=0,\ n=1,2,\cdots,$ 时, 上述级数为幂级数.

双边幂级数可以分成两部分来讨论.

$$\sum_{n=-\infty}^{+\infty} c_n (z-a)^n = \sum_{n=1}^{+\infty} c_{-n} (z-a)^{-n} + \sum_{n=0}^{+\infty} c_n (z-a)^n.$$

对于非负幂项, $\sum\limits_{n=0}^{+\infty} c_n (z-a)^n$ 的收敛域为圆域 $|z-a| < R, R$ 为收敛半径, 和函数为 $\varphi(z)$, 则 $\sum\limits_{n=0}^{+\infty} c_n (z-a)^n$ 在 $|z-a|<R$ 上内闭一致收敛且绝对收敛于和函数 $\varphi(z), \varphi(z)$ 在 $|z-a|<R$ 内解析.

对于负幂项, 令 $\zeta = (z-a)^{-1}, \sum\limits_{n=1}^{+\infty} c_{-n} (z-a)^{-n} = \sum\limits_{n=1}^{+\infty} c_{-n}\zeta^n$ 变为关于 ζ 的正幂项级数, 因而其收敛域为圆域 $|\zeta|<t$, 和函数为 $g(\zeta)$, 则 $\sum\limits_{n=1}^{+\infty} c_{-n}\zeta^n$ 在 $|\zeta|<t$ 上内闭一致收敛且绝对收敛于和函数 $g(\zeta), g(\zeta)$ 在 $|\zeta|<t$ 上解析. 令 $r=t^{-1}$, 因而 $\sum\limits_{n=1}^{+\infty} c_{-n} (z-a)^{-n}$在区域 $|z-a|>r$ 上内闭一致收敛且绝对收敛于和函数 $g\left(\dfrac{1}{z-a}\right) = \psi(z), \psi(z)$ 在 $|z-a|>r$ 上解析.

当 $0 \leqslant r < R \leqslant +\infty$ 时, 双边幂级数 $\sum\limits_{n=-\infty}^{+\infty} c_n (z-a)^n$ 有收敛域 $r<|z-a|<R$, 为圆环域.

综合上述讨论以及定理 4.9, 得到

定理 5.1　若级数 $\sum\limits_{n=-\infty}^{+\infty} c_n (z-a)^n$ 的收敛域为圆环 $H: r<|z-a|<R$, 则

(1) 该级数在圆环域 H 内绝对收敛且内闭一致收敛;

(2) 和函数 $f(z)=\varphi(z)+\psi(z)$ 在 H 内解析, 其中 $\varphi(z)$ 在 $|z-a|<R$ 内解析, $\psi(z)$ 在 $|z-a|>r$ 内解析;

(3) $f(z)=\sum\limits_{n=-\infty}^{+\infty}c_n(z-a)^n$ 在 H 内可以逐项求导, 可以在 H 内任意按段光滑的有向曲线上逐项积分.

定理 5.2　若 $f(z)$ 在圆环域 $H:r<|z-a|<R$ 内解析, $0\leqslant r<R\leqslant+\infty$, 则在 H 内恒有

$$f(z)=\sum_{n=-\infty}^{+\infty}c_n(z-a)^n,$$

其中$c_n=\dfrac{1}{2\pi i}\oint_\gamma\dfrac{f(\zeta)}{(\zeta-a)^{n+1}}d\zeta, \gamma:|\zeta-a|=\rho$ 为逆时针方向围线, $r<\rho<R$, $(n=0,\pm1,\pm2,\cdots)$.

上述定理称为**洛朗 (Laurent) 定理**. 上述系数 c_n 称为**洛朗系数**, 带有洛朗系数的双边幂级数称为**洛朗级数**, 带有洛朗系数的函数的上述展开式称为**洛朗展开式**.

证明　对于任意确定的 $z\in H$, 选取逆时针方向的围线 $\gamma_1:|\zeta-a|=\rho_1, \gamma_2:|\zeta-a|=\rho_2$ 使得 $z\in\{\rho_1<|\zeta-a|<\rho_2\}$, 因 $f(\zeta)$ 在复围线 $\gamma_2+\gamma_1^-$ 所包围的区域内解析, 见图 5.1. 由柯西积分公式

$$\begin{aligned}f(z)=&\frac{1}{2\pi i}\oint_{\gamma_2+\gamma_1^-}\frac{f(\zeta)}{\zeta-z}d\zeta\\=&\frac{1}{2\pi i}\oint_{\gamma_2}\frac{f(\zeta)}{\zeta-z}d\zeta-\frac{1}{2\pi i}\oint_{\gamma_1}\frac{f(\zeta)}{\zeta-z}d\zeta\\=&\frac{1}{2\pi i}\oint_{\gamma_2}\frac{f(\zeta)}{\zeta-z}d\zeta+\frac{1}{2\pi i}\oint_{\gamma_1}\frac{f(\zeta)}{z-\zeta}d\zeta,\end{aligned}$$

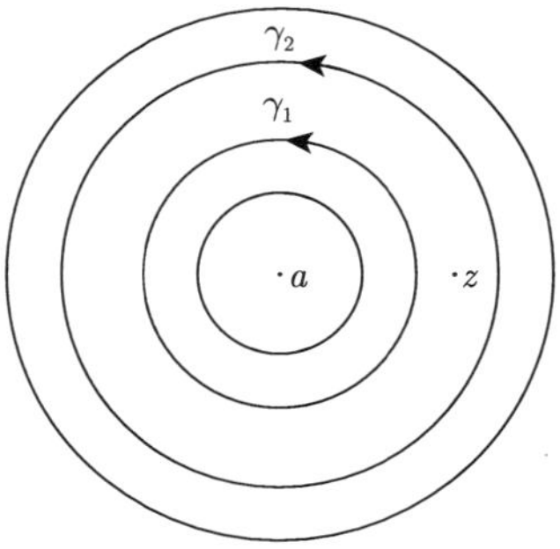

图 5.1

当 $\zeta\in\gamma_2$ 时 $\left|\dfrac{z-a}{\zeta-a}\right|<1$, 从而下面展开式

$$\begin{aligned}\frac{1}{\zeta-z}=&\frac{1}{(\zeta-a)-(z-a)}\\=&\frac{1}{\zeta-a}\cdot\frac{1}{1-\dfrac{z-a}{\zeta-a}}\\=&\sum_{n=0}^{+\infty}\frac{(z-a)^n}{(\zeta-a)^{n+1}}\end{aligned}$$

在 $\zeta \in \gamma_2$ 上一致收敛, 两边乘以 γ_2 上的有界函数 $f(\zeta)$ 后,

$$\frac{f(\zeta)}{\zeta - z} = \sum_{n=0}^{+\infty} \frac{f(\zeta)}{(\zeta - a)^{n+1}} (z-a)^n$$

仍在 γ_2 上一致收敛, 逐项积分得

$$\frac{1}{2\pi i} \oint_{\gamma_2} \frac{f(\zeta)}{\zeta - z} d\zeta = \sum_{n=0}^{+\infty} c_n (z-a)^n,$$
$$c_n = \frac{1}{2\pi i} \oint_{\gamma_2} \frac{f(\zeta)}{(\zeta - a)^{n+1}} d\zeta.$$

当 $\zeta \in \gamma_1$ 时 $\left|\frac{\zeta - a}{z - a}\right| < 1$, 下面展开式

$$\begin{aligned}\frac{1}{z-\zeta} &= \frac{1}{(z-a)-(\zeta-a)} \\ &= \frac{1}{z-a} \cdot \frac{1}{1 - \frac{\zeta - a}{z - a}} \\ &= \sum_{n=0}^{+\infty} \frac{(\zeta-a)^n}{(z-a)^{n+1}} \\ &= \sum_{n=1}^{+\infty} \frac{1}{(\zeta-a)^{-n+1}} (z-a)^{-n}\end{aligned}$$

在 $\zeta \in \gamma_1$ 上一致收敛, 两边乘以 γ_1 上的有界函数 $f(\zeta)$ 后,

$$\frac{f(\zeta)}{z-\zeta} = \sum_{n=1}^{+\infty} \frac{f(\zeta)}{(\zeta-a)^{-n+1}} (z-a)^{-n}$$

仍在 γ_1 上一致收敛, 可以逐项积分得到

$$\frac{1}{2\pi i} \oint_{\gamma_1} \frac{f(\zeta)}{z - \zeta} d\zeta = \sum_{n=1}^{+\infty} c_{-n} (z-a)^{-n},$$
$$c_{-n} = \frac{1}{2\pi i} \oint_{\gamma_1} \frac{f(\zeta)}{(\zeta - a)^{-n+1}} d\zeta.$$

证毕.

注 5.1 根据多连通区域的柯西积分定理, 洛朗系数即

$$c_n = \frac{1}{2\pi i} \oint_{\gamma} \frac{f(\zeta)}{(\zeta - a)^{n+1}} d\zeta, (n = 0, \pm 1, \pm 2, \cdots),$$

其中 γ 为圆环域 H 内绕 a 点的按段光滑的逆时针围线. 进一步, 若 $f(z)$ 在 $|z-a| < R$ 内解析, 则 $f(\zeta)$ 在围线 γ 及其内部解析, 根据高阶导数公式有

$$c_n = \frac{1}{2\pi i} \oint_{\gamma} \frac{f(\zeta)}{(\zeta - a)^{n+1}} d\zeta$$

$$=\frac{f^{(n)}(a)}{n!},(n=0,1,2,\cdots),$$

$\dfrac{f(\zeta)}{(\zeta-a)^{n+1}}(n=-1,-2,\cdots)$ 在围线 γ 及其内部解析, 根据柯西积分定理

$$c_n=\frac{1}{2\pi i}\oint_\gamma\frac{f(\zeta)}{(\zeta-a)^{n+1}}d\zeta=0,(n=-1,-2,\cdots).$$

此时, $f(z)$ 在 $|z-a|<R$ 内的洛朗展开式即泰勒展开式.

注 5.2 洛朗展开式是唯一的. 事实上, 若在 H 内恒有

$$f(z)=\sum_{n=-\infty}^{+\infty}c_n'(z-a)^n,$$

由定理 5.1 知级数 $\sum\limits_{n=-\infty}^{+\infty}c_n'(\zeta-a)^n$ 在围线 γ 上一致收敛, 两边乘以围线 γ 上的有界函数 $\dfrac{1}{(\zeta-a)^{m+1}}$ 后,

$$\frac{f(\zeta)}{(\zeta-a)^{m+1}}=\sum_{n=-\infty}^{+\infty}c_n'(\zeta-a)^{n-m-1}$$

仍在 γ 上一致收敛, 从而上式可以在 γ 上逐项积分:

$$\oint_\gamma\frac{f(\zeta)}{(\zeta-a)^{m+1}}d\zeta=\sum_{n=-\infty}^{+\infty}c_n'\oint_\gamma(\zeta-a)^{n-m-1}d\zeta.$$

当 $n\neq m$ 时, $\oint_\gamma(\zeta-a)^{n-m-1}d\zeta=0$,

当 $n=m$ 时, $\oint_\gamma(\zeta-a)^{n-m-1}d\zeta=2\pi i$,

$$c_m=\frac{1}{2\pi i}\oint_\gamma\frac{f(\zeta)}{(\zeta-a)^{m+1}}d\zeta=c_m',\quad m=0,\pm1,\pm2,\cdots.$$

例 5.1 计算函数 $f(z)=\dfrac{1}{(z-1)(z-2)}$ 在下列区域上的洛朗展开式.

(1) $|z|<1$, (2) $1<|z|<2$, (3) $2<|z|<+\infty$,

(4) $0<|z-1|<1$, (5) $1<|z-1|<+\infty$, (6) $0<|z-2|<1$,

(7) $1<|z-2|<+\infty$.

解 选解 (1)(4)(5) 小题, 其余做为练习题.

(1) 当 $|z|<1$ 时, $\left|\dfrac{z}{2}\right|<1$, 由几何幂级数展开法得

$$f(z)=\frac{1}{(z-1)(z-2)}=\frac{1}{z-2}-\frac{1}{z-1}$$

$$
\begin{aligned}
&=\frac{1}{1-z}-\frac{1}{2}\frac{1}{1-z/2}=\sum_{n=0}^{+\infty}z^n-\frac{1}{2}\sum_{n=0}^{+\infty}\left(\frac{z}{2}\right)^n\\
&=\sum_{n=0}^{+\infty}\left(1-\frac{1}{2^{n+1}}\right)z^n,\quad |z|<1.
\end{aligned}
$$

上述展开式没有负幂项.

(4) 当 $0<|z-1|<1$ 时,

$$
\begin{aligned}
f(z)&=\frac{1}{z-2}-\frac{1}{z-1}=-\frac{1}{z-1}-\frac{1}{1-(z-1)}\\
&=-\frac{1}{z-1}-\sum_{n=0}^{+\infty}(z-1)^n,\quad 0<|z-1|<1.
\end{aligned}
$$

上述展开式有一项负幂项.

(5) 当 $1<|z-1|<+\infty$ 时, $\left|\dfrac{1}{z-1}\right|<1$,

$$
\begin{aligned}
f(z)&=\frac{1}{z-2}-\frac{1}{z-1}\\
&=-\frac{1}{z-1}+\frac{1}{z-1}\cdot\frac{1}{1-(z-1)^{-1}}\\
&=-\frac{1}{z-1}+\frac{1}{z-1}\sum_{n=0}^{+\infty}\left(\frac{1}{z-1}\right)^n\\
&=\sum_{n=2}^{+\infty}\frac{1}{(z-1)^n},\quad 1<|z-1|<+\infty.
\end{aligned}
$$

上述展开式有无穷多项负幂项.

例 5.2　计算函数 $f(z)=\dfrac{1}{(z-1)^2}$ 在 $1<|z|<+\infty$ 内的洛朗展开式.

解　当 $1<|z|<+\infty$ 时, $\left|\dfrac{1}{z}\right|<1$, 从而有

$$
\frac{1}{z-1}=\frac{1}{z}\cdot\frac{1}{1-\dfrac{1}{z}}=\sum_{n=1}^{+\infty}\frac{1}{z^n},\quad 1<|z|<+\infty,
$$

两边逐项求导得

$$
f(z)=\frac{1}{(z-1)^2}=-\left(\frac{1}{z-1}\right)'=\sum_{n=1}^{+\infty}\frac{n}{z^{n+1}},\quad 1<|z|<+\infty.
$$

例 5.3　计算函数 $f(z)=z^3e^{\frac{1}{z}}$ 在 $0<|z|<+\infty$ 内的洛朗展开式.

解　已知 $e^z=\displaystyle\sum_{n=0}^{+\infty}\frac{z^n}{n!}$, 把 z 换为 $\dfrac{1}{z}$, 得

$$
e^{\frac{1}{z}}=\sum_{n=0}^{+\infty}\frac{1}{n!z^n},\quad 0<|z|<+\infty.
$$

所以,

$$f(z)=z^3e^{\frac{1}{z}}=\sum_{n=0}^{+\infty}\frac{1}{n!z^{n-3}},\quad 0<|z|<+\infty.$$

5.2　孤立奇点的分类与判定

定义 5.2　若 $f(z)$ 在 $U^\circ(a,r)$ 内解析, a 为 $f(z)$ 的奇点, 则称 a 为 $f(z)$ 的一个孤立奇点.

由 $f(z)$ 在去心邻域 H: $0<|z-a|<r$ 内解析及洛朗定理知, $f(z)$ 在 H 内可以展开为洛朗级数:

$$f(z)=\sum_{n=-\infty}^{+\infty}c_n(z-a)^n,\quad 0<|z-a|<r.$$

其中, $\sum\limits_{n=0}^{+\infty}c_n(z-a)^n$ 称为 $f(z)$ 在 H 内洛朗展开式的**正则部分**, $\sum\limits_{n=1}^{+\infty}c_{-n}(z-a)^{-n}$ 称为 $f(z)$ 在 H 内洛朗展开式的**主要部分**(**或奇异部分**).

定义 5.3　设 a 为 $f(z)$ 的孤立奇点, $a\neq\infty$.

(1) 如果 $f(z)$ 在 H 内洛朗展开式的主要部分为 0, 则称 a 为 $f(z)$ 的可去奇点.

(2) 如果 $f(z)$ 在 H 内洛朗展开式的主要部分为有限多项, 设为

$$\frac{c_{-m}}{(z-a)^m}+\cdots+\frac{c_{-1}}{z-a},\quad c_{-m}\neq 0,$$

则称 a 为 $f(z)$ 的 m 级极点. 特别地, 当 $m=1$ 时, 称 a 为 $f(z)$ 的简单极点.

(3) 如果 $f(z)$ 在 H 内的洛朗展开式的主要部分有无限多项, 则称 a 为 $f(z)$ 的本性奇点.

对于 $f(z)$ 的可去奇点 a, 只要补充定义在 a 点的函数值: $f(a):=\lim\limits_{z\to a}f(z)$, 则易知新定义后的函数 $f(z)$ 在 a 点解析.

例 5.4　点 $z=0$ 为 $\dfrac{\sin z}{z}$ 的可去奇点, 点 $z=0$ 为 $\dfrac{1}{z^3}e^z$ 的 3 级极点, 点 $z=0$ 为 $z^3e^{\frac{1}{z}}$ 的本性奇点.

定理 5.3　*设 a 为 $f(z)$ 的孤立奇点, $a\neq\infty$, 则以下各条等价:*

(1) a 为 $f(z)$ 的可去奇点;

(2) 极限 $\lim\limits_{z\to a}f(z)\neq\infty$ 存在;

(3) $f(z)$ 在去心邻域 $U^\circ(a,r)$ 内有界.

证明　(1) ⇒(2). 已知 a 为 $f(z)$ 的可去奇点, 则 $f(z)$ 在 H 内洛朗展开式

$$f(z)=\sum_{n=0}^{+\infty}c_n(z-a)^n,\quad 0<|z-a|<r,$$

则 $\lim\limits_{z\to a} f(z) = c_0$.

(2) ⇒(3). 设 $\lim\limits_{z\to a} f(z) = b$, 则由极限的局部有界性, $f(z)$ 在去心邻域 $U^\circ(a)$ 内有界, 显然.

(3) ⇒(1). 已知 $f(z)$ 在去心邻域 $U^\circ(a,r)$ 内有界, 即存在 $M>0$, 使得 $|f(z)| \leqslant M, z\in U^\circ(a,r)$. 设 $f(z)$ 在 $0<|z-a|<r$ 内洛朗展开式为

$$f(z) = \sum_{n=0}^{+\infty} c_n (z-a)^n + \sum_{n=1}^{+\infty} c_{-n}(z-a)^{-n},$$

其中 $c_{-n} = \dfrac{1}{2\pi i}\displaystyle\oint_\gamma \dfrac{f(\zeta)}{(\zeta-a)^{-n+1}}d\zeta, (n=1,2,\cdots)$, γ 为逆时针圆周

$$|\zeta - a| = \rho, \quad 0<\rho<r.$$

由估值定理得

$$\begin{aligned}|c_{-n}| = &\left|\frac{1}{2\pi i}\oint_\gamma \frac{f(\zeta)}{(\zeta-a)^{-n+1}}d\zeta\right| \leqslant \frac{1}{2\pi}\oint_\gamma \frac{|f(\zeta)|}{|\zeta-a|^{-n+1}}|d\zeta| \\ \leqslant &\frac{1}{2\pi}\frac{M}{\rho^{-n+1}}2\pi\rho = M\rho^n \to 0, \text{ 当 } \rho\to 0 \text{ 时}.\end{aligned}$$

所以 $c_{-n}=0, (n=1,2,\cdots)$. 证毕.

定理 5.4 设 $a\neq\infty, a$ 为 $f(z)$ 的孤立奇点, 则以下各条等价:

(1) a 为 $f(z)$ 的 m 级极点;

(2) $f(z) = \dfrac{1}{(z-a)^m}g(z)\,(0<|z-a|<r)$, 其中 $g(z)$ 在 a 点解析且 $g(a)\neq 0$;

(3) $h(z) = \dfrac{1}{f(z)}$ 以 a 为 m 级零点, (令 $h(a)=0$).

证明 (1) ⇒(2). 由 $f(z)$ 在 $0<|z-a|<r$ 内的洛朗展式:

$$\begin{aligned}f(z) = &\frac{c_{-m}}{(z-a)^m} + \cdots + \frac{c_{-1}}{z-a} + c_0 + c_1(z-a) + \cdots \\ = &\frac{1}{(z-a)^m}\left[c_{-m} + c_{-m+1}(z-a) + \cdots + c_0(z-a)^m + \cdots\right] \\ = &\frac{1}{(z-a)^m}g(z),\end{aligned}$$

其中 $g(z)$ 在 a 点解析, $g(a) = c_{-m}\neq 0$.

(2) ⇒(3). $h(z) = (z-a)^m\dfrac{1}{g(z)}, \dfrac{1}{g}$ 在 a 点解析且 $\dfrac{1}{g(a)}\neq 0$.所以, $h(z) = \dfrac{1}{f(z)}$ 以 a 为 m 级零点.

(3) ⇒(1). $f(z) = \dfrac{1}{(z-a)^m}g(z)$, 其中 $g(z)$ 在 a 点解析且 $g(a)\neq 0$, 计算 $g(z)$ 的洛朗展开式即得 $f(z)$ 的洛朗展开式:

$$f(z) = \frac{c_0'}{(z-a)^m} + \cdots, \text{ 其中 } c_0' = g(a)\neq 0,$$

所以, a 为 $f(z)$ 的 m 级极点. 证毕.

从定理 5.4 立即看出, 孤立奇点 a 为 $f(z)$ 的极点当且仅当 $\lim\limits_{z\to a} f(z)=\infty$. 孤立奇点 a 为 $f(z)$ 的 m 级极点当且仅当

$$\lim_{z\to a}(z-a)^m f(z)=b\neq 0.$$

从定理 5.3, 定理 5.4, 得到定理 5.5.

定理 5.5　设 $a\neq\infty$, 则孤立奇点 a 为 $f(z)$ 的本性奇点的充要条件为当 $z\to a$ 时 $f(z)$ 的极限不存在.

定理 5.6　设 $f(z)$ 在 $0<|z-a|<R$ 内解析, a 为 $f(z)$ 的本性奇点, 则对于任意的 $w\in\bar{C}$, 存在序列 $z_n, 0<|z_n-a|<R$, 使得当 $n\to\infty$ 时有 $z_n\to a$ 且 $f(z_n)\to w$.

上述定理称为**Weierstrass 定理**. 证明可以参看李忠先生的书. Picard 证明了下述更有趣的定理, 称为**Picard 大定理**.

定理 5.7　设 $f(z)$ 在 $0<|z-a|<R$ 内解析, a 为 $f(z)$ 的本性奇点, 则 $f(z)$ 可在 $0<|z-a|<R$ 内取到任意的复数 $w\in C$ 无穷多次, 至多有一个例外值.

定义 5.4　设 $f(z)$ 在 ∞ 点去心邻域 $U^\circ(\infty,r)$ 内解析, 则称 ∞ 为 $f(z)$ 的一个孤立奇点. 此时 $f(z)$ 在 $\{0<r<|z|<+\infty\}$ 内解析, 作变换 $\zeta=\dfrac{1}{z}$, 则 $g(\zeta)=f\left(\dfrac{1}{\zeta}\right)=f(z)$ 在 $\left\{0<|\zeta|<\dfrac{1}{r}\right\}$ 内解析, $\zeta=0$ 为 $g(\zeta)$ 的一个孤立奇点. 若 $\zeta=0$ 为 $g(\zeta)$ 的可去奇点, m 级极点, 本性奇点, 则分别称 $z=\infty$ 为 $f(z)$ 的可去奇点, m 级极点, 本性奇点.

$g(\zeta)$ 在 $\left\{0<|\zeta|<\dfrac{1}{r}\right\}$ 内的洛朗展开式

$$g(\zeta)=\sum_{n=1}^{+\infty}c_{-n}\zeta^{-n}+\sum_{n=0}^{+\infty}c_n\zeta^n$$

的主要部分为 $\sum\limits_{n=1}^{+\infty}c_{-n}\zeta^{-n}$, 对应地, $f(z)$ 在 $\{r<|z|<+\infty\}$ 内的洛朗展开式

$$f(z)=\sum_{n=1}^{+\infty}c_{-n}z^n+\sum_{n=0}^{+\infty}c_n z^{-n}$$

的主要部分为 $\sum\limits_{n=1}^{+\infty}c_{-n}z^n$.

利用定义 5.4 中 $\zeta=0$ 为 $g(\zeta)$ 的奇点的分类以及定理 5.3、定理 5.4、定理 5.5 中判定方法, 立即可得 $z=\infty$ 作为 $f(z)$ 的奇点分类及其判断方法即以下的定理 5.8、定理 5.9、定理 5.10.

定理 5.8　设 $a=\infty$ 为 $f(z)$ 的孤立奇点, 则以下各条等价:

(1) a 为 $f(z)$ 的可去奇点, 即 $f(z)$ 在 $\{r<|z|<+\infty\}$ 内洛朗展开式主要部分为 0;

(2) 极限 $\lim\limits_{z\to a} f(z) \neq \infty$ 存在;

(3) $f(z)$ 在去心邻域 $U^\circ(\infty, r)$ 内有界.

定理 5.9 设 $z=\infty$ 为 $f(z)$ 的孤立奇点, 则以下各条等价:

(1) $z=\infty$ 为 $f(z)$ 的 m 级极点, 即 $f(z)$ 在 $\{r<|z|<+\infty\}$ 内洛朗展开式主要部分为

$$b_1 z+\cdots+b_m z^m, \quad b_m \neq 0;$$

(2) $\lim\limits_{z\to\infty} z^{-m} f(z)=A \neq 0$.

定理 5.10 设 $z=\infty$ 为 $f(z)$ 的孤立奇点, 则以下各条等价:

(1) $z=\infty$ 为 $f(z)$ 的本性奇点, 即 $f(z)$ 在 $\{r<|z|<+\infty\}$ 内洛朗展开式主要部分有无穷多项;

(2) $\lim\limits_{z\to\infty} f(z)$ 不存在.

例 5.5 设 $f(z)=\dfrac{1}{z^2}+2+9z^3$, 则 $z=\infty$ 为 $f(z)$ 的 3 级极点.

习 题 5

1. 把下列各函数在指定的圆环域内展开成洛朗级数:

(1) $\dfrac{1}{(z^2+1)(z-2)}, 1<|z|<2$;

(2) $\dfrac{1}{z(1-z)^2}, 0<|z|<1;\ 0<|z-1|<1$;

(3) $\dfrac{1}{(z-1)(z-2)}, 0<|z-1|<1;\ 1<|z-2|<+\infty$;

(4)$e^{\frac{1}{1-z}}$, $1<|z|<+\infty$.

2. 在点 $z=\infty$ 的去心邻域内将函数 $f(z)=e^{\frac{z}{z+2}}$ 展成洛朗级数.

3. 证明在 $f(z)=\cos\left(z+\dfrac{1}{z}\right)$ 以 z 的各幂表出的洛朗展开式中的各系数为

$$C_n=\frac{1}{2\pi}\int_0^{2\pi} \cos(2\cos\theta)\cos n\theta d\theta, (n=0, \pm 1, \pm 2, \cdots).$$

4. 指出函数 $f(z)=\dfrac{1}{\sin z^2}$ 有什么样的有限奇点.

5. 设 $f(z)=\dfrac{\sin z}{z-\pi}$, 试确定奇点 $z=\pi$ 的类型.

6. 求出下列函数的奇点, 并确定它们的类型 (对于极点, 要指出它们的阶), 对于无穷远点也要加以讨论:

(1) $\dfrac{z-1}{z(z^2+4)^2}$;

(2) $\dfrac{1}{\sin z+\cos z}$;

(3) $\dfrac{1-e^z}{1+e^z}$;

(4) $\dfrac{1}{(z^2+i)^3}$;

(5) $\tan^2 z$;　　(6) $\cos \frac{1}{z+i}$.

7. 试证明: 不论 $\delta > 0$ 如何小, 对于充分大的 n, 函数

$$1+\frac{1}{z}+\frac{1}{2!z^2}+\cdots+\frac{1}{n!z^n}$$

的零点都在圆 $|z|<\delta$ 内.

8. 证明 $z=0$ 为 $\frac{e^z-1}{z}$ 的可去奇点.

9. 若函数 $f(z)$ 在 $0<|z-a|<R$ 内解析, 且不恒为零; 又若 $f(z)$ 有一列异于 a 但却以 a 为聚点的零点. 试证 a 必为 $f(z)$ 的本性奇点.

10. 若 a 为 $f(z)$ 的孤立奇点, $a\neq\infty$, 证明:a 为 $f(z)$ 的 m 阶极点的充要条件是

$$\lim_{z\to a}(z-a)^m f(z)=a\,(\neq 0,\infty),$$

其中 m 是正整数.

11. 函数 $f(z)$, $g(z)$ 分别以 $z=a$ 为 m 阶极点及 n 阶极点. 试问 $z=a$ 为 $f(z)+g(z)$, $f(z)g(z)$ 及 $f(z)/g(z)$ 的什么点?

12. 设函数 $f(z)$ 在复平面 C 上解析, 且 $f(z)$: $C\to C$ 为双射, 证明: $f(z)=az+b$, 其中 a,b 为常数, $a\neq 0$.

第 6 章　留数定理、辐角原理和鲁歇定理

6.1　留 数 定 理

定义 6.1　设 a 为 $f(z)$ 的孤立奇点, $a \neq \infty$, 即 $f(z)$ 在 $0<|z-a|<r$ 内解析, 则称

$$\frac{1}{2\pi i}\oint_{\gamma} f(z)\,dz$$

为 $f(z)$ 在 a 点的留数或残数 (Residue), 记为 $\operatorname*{Res}_{z=a} f(z)$ 或 $\operatorname{Res}(f(z);a)$, 其中 γ 为 $0<|z-a|<r$ 内包围 a 点的逆时针围线. 当 γ 为 $0<|z-a|<r$ 内包围 a 点的逆时针连续的闭曲线时,

$$\frac{1}{2\pi i}\oint_{\gamma}\frac{1}{z-a}dz$$

称为 γ 绕 a 点的环绕数, 记为 $W(\gamma\,;a)$.

由 $f(z)$ 在 $0<|z-a|<r$ 内的洛朗展开式

$$f(z)=\sum_{n=-\infty}^{+\infty} c_n(z-a)^n$$

在围线 γ 上的逐项积分, 得

$$\operatorname{Res}(f(z);a)=c_{-1},$$

这是计算留数的最本质有效的方法. 当 a 为 $f(z)$ 的可去奇点时, $\operatorname{Res}(f(z);a)=c_{-1}=0$. 当 a 为 $f(z)$ 的本性奇点时, 一般用洛朗展开式中的 c_{-1} 求留数.

定理 6.1　设区域 D 的边界为围线或复围线 γ, $f(z)$ 在 D 内除了有限个点 $a_1,a_2,\cdots,a_n$ 外解析, $f(z)$ 在 $\bar{D}=D+\gamma$ 上除了 $a_1,a_2,\cdots,a_n$ 外连续, 则

$$\oint_{\gamma} f(z)\,dz=2\pi i\sum_{k=1}^{n}\operatorname{Res}\,(f(z);a_k).$$

上述定理称为**柯西留数定理**.

证明　作 n 个逆时针方向小圆周 γ_k: $|z-a_k|=\rho$, 使得 γ_k 互不相交, 互不包围, 都含于区域 D 内, 由多连通区域的柯西积分定理, 得到

$$\begin{aligned}\oint_{\gamma} f(z)\,dz=&\sum_{k=1}^{n}\oint_{\gamma_k} f(z)\,dz\\ =&2\pi i\sum_{k=1}^{n}\operatorname{Res}\,(f(z);a_k).\end{aligned}$$

证毕.

定理 6.2　设 a 为 $f(z)$ 的 m 级极点, $a \neq \infty$, $f(z) = \dfrac{g(z)}{(z-a)^m}$, $g(z)$ 在 a 点解析, $g(a) \neq 0$, 则

$$\operatorname{Res}(f(z);a) = \frac{g^{(m-1)}(a)}{(m-1)!}$$

或

$$\operatorname{Res}(f(z);a) = \lim_{z\to a} \frac{[(z-a)^m f(z)]^{(m-1)}}{(m-1)!}.$$

证明　设 $f(z)$ 在 $0<|z-a|<r$ 内的洛朗展开式:

$$f(z) = \frac{c_{-m}}{(z-a)^m} + \cdots + \frac{c_{-1}}{z-a} + c_0 + \cdots,$$

$$g(z) = c_{-m} + \cdots + c_{-1}(z-a)^{m-1} + c_0(z-a)^m + \cdots,$$

则

$$g^{(m-1)}(a) = (m-1)!c_{-1},$$

$$\operatorname{Res}(f(z);a) = c_{-1} = \frac{g^{(m-1)}(a)}{(m-1)!}.$$

证毕.

特别地, 若 a 为 $f(z)$ 的一级极点, $g(z) = (z-a)f(z)$, 则

$$\operatorname{Res}(f(z);a) = g(a).$$

若 a 为 $f(z)$ 的二级极点, $g(z) = (z-a)^2 f(z)$, 则

$$\operatorname{Res}(f(z);a) = g'(a).$$

定理 6.3　设 $f(z) = \dfrac{\varphi(z)}{\psi(z)}$, 其中 $\varphi(z), \psi(z)$ 在 a 点解析, $a \neq \infty, \varphi(a) \neq 0$, $\psi(a) = 0, \psi'(a) \neq 0$, 则 a 为 $f(z)$ 的一级极点,

$$\operatorname{Res}(f(z);a) = \frac{\varphi(a)}{\psi'(a)} = \left.\frac{\varphi(z)}{\psi'(z)}\right|_{z=a}.$$

证明　a 为 $\psi(z)$ 的一级零点, 故 a 为 $f(z)$ 的一级极点.

$$\begin{aligned}\operatorname{Res}(f(z);a) &= \lim_{z\to a} \frac{(z-a)\varphi(z)}{\psi(z)} \\ &= \lim_{z\to a} \frac{\varphi(z)}{\dfrac{\psi(z)-\psi(a)}{z-a}} = \frac{\varphi(a)}{\psi'(a)}.\end{aligned}$$

证毕.

例 6.1 计算 $\oint_\gamma \frac{1}{(z-1)(z-2)^2}dz$, 围线 γ:$|z|=3$ 为逆时针方向.

解
$$f(z)=\frac{1}{(z-1)(z-2)^2},$$

$$\begin{aligned}\oint_\gamma \frac{1}{(z-1)(z-2)^2}dz =&2\pi i\{\mathrm{Res}(f(z);1)+\mathrm{Res}(f(z);2)\}\\ =&2\pi i\{1+(-1)\}=0.\end{aligned}$$

例 6.2 计算 $\oint_\gamma z^3e^{\frac{1}{z}}dz$, 围线 γ:$|z|=1$ 为逆时针方向.

解 由洛朗展开式

$$f(z)=z^3e^{\frac{1}{z}}=z^3+z^2+z/2+\frac{1}{3!}+\frac{1}{4!z}+\frac{1}{5!z^2}+\cdots,$$

所以, $\oint_\gamma z^3e^{\frac{1}{z}}dz=2\pi i\mathrm{Res}(f(z);0)=2\pi ic_{-1}=\frac{\pi i}{12}$.

例 6.3 计算 $\oint_\gamma \tan zdz$, 围线 γ:$|z|=n\pi$ 为逆时针方向, n 为正整数.

解 $\cos z$ 零点 $z_k=\frac{\pi}{2}+k\pi$ 均为一级零点且为 $\tan z$ 一级极点.

$$\begin{aligned}\oint_\gamma \tan zdz =&2\pi i\sum_{|z_k|<n\pi}\mathrm{Res}(\tan z;z_k)\\ =&2\pi i\sum_{|z_k|<n\pi}\left.\frac{\sin z}{(\cos z)'}\right|_{z_k}=-4n\pi i.\end{aligned}$$

例 6.4 计算 $\oint_\gamma \cot(\pi z)dz$, 围线 γ:$|z|=n+\frac{1}{2}$ 为逆时针方向, n 为正整数.

解 作为思考题.

例 6.5 计算 $\oint_\gamma \frac{z\sin z}{(e^z-1)^3}dz$, 围线 γ:$|z|=1$ 为逆时针方向.

解
$$z\sin z=z^2\left(1-\frac{z^2}{3!}+\frac{z^4}{5!}+\cdots\right)=z^2f(z),$$

$$(e^z-1)^3=z^3\left(1+\frac{z}{2!}+\frac{z^2}{3!}+\cdots\right)^3=z^3g(z),$$

所以, $\frac{z\sin z}{(e^z-1)^3}=\frac{1}{z}\frac{f(z)}{g(z)}$, 其中 $\frac{f(0)}{g(0)}=1$. 所以, $z=0$ 为 $\frac{z\sin z}{(e^z-1)^3}$ 一级极点.

$$\begin{aligned}\oint_\gamma \frac{z\sin z}{(e^z-1)^3}dz =&2\pi i\,\mathrm{Res}_{z=0}\frac{z\sin z}{(e^z-1)^3}\\ =&2\pi i\lim_{z\to 0}\frac{z^2\sin z}{(e^z-1)^3}=2\pi i\frac{f(0)}{g(0)}=2\pi i.\end{aligned}$$

定义 6.2 设 $z=\infty$ 为 $f(z)$ 的一个孤立奇点, 即 $f(z)$ 在 $r<|z|<+\infty$ 内解析, 则称

$$\frac{1}{2\pi i}\oint_{\gamma^-} f(z)\,dz$$

为 $f(z)$ 在 $z=\infty$ 点的留数, 记为 $\operatorname*{Res}\limits_{z=\infty} f(z)$ 或 $\mathrm{Res}\,(f(z);\infty)$, 其中 γ 为逆时针围线 $|z|=\rho>r$.

由 $f(z)$ 在 $r<|z|<+\infty$ 内洛朗展开式在 γ 上的逐项积分得到

$$\mathrm{Res}\,(f(z);\infty)=-c_{-1}.$$

定理 6.4　设 $f(z)$ 在 $\bar{C}$ 上除了有限个孤立奇点 $a_1,a_2,\cdots,a_n,\infty$ 外处处解析, 则 $f(z)$ 在各奇点的留数总和为 0.

上述定理称为**留数第二定理**.

证明　取半径足够大的逆时针围线 $\gamma{:}|z|=R$, 使得 $a_1,a_2,\cdots,a_n$ 含于其内部, 则由留数第一定理, 得到

$$\oint_\gamma f(z)\,dz=2\pi i\sum_{k=1}^{n}\mathrm{Res}\;(f(z);a_k),$$

$$0=\sum_{k=1}^{n}\mathrm{Res}\;(f(z);a_k)-\frac{1}{2\pi i}\oint_\gamma f(z)\,dz,$$

$$\sum_{k=1}^{n}\mathrm{Res}\;(f(z);a_k)+\mathrm{Res}\,(f(z);\infty)=0.$$

证毕.

定理 6.5　设 $z=\infty$ 为 $f(z)$ 的一个孤立奇点, 则

$$\mathrm{Res}\,(f(z);\infty)=-\mathrm{Res}\left(f\left(\frac{1}{t}\right)\frac{1}{t^2};0\right).$$

证明　已知 $f(z)$ 在 $0<r<|z|<+\infty$ 内解析, $z=\infty$ 为 $f(z)$ 的一个孤立奇点, 从而 $f\left(\frac{1}{t}\right)$ 在 $0<|t|<\frac{1}{r}$ 内解析, $t=0$ 为 $f\left(\frac{1}{t}\right)$ 的一个孤立奇点.

$$\mathrm{Res}\,(f(z);\infty)=\frac{1}{2\pi i}\oint_{\gamma^-} f(z)\,dz,$$

其中 γ 为逆时针围线 $|z|=\rho>r$.

变换 $t=\frac{1}{z}$ 将 z平面上顺时针圆周 γ^- 映射为 t 平面上逆时针圆周 $\varGamma{:}|t|=\frac{1}{\rho}<\frac{1}{r}$, 并注意到 $dz=-\frac{dt}{t^2}$, 则

$$\frac{1}{2\pi i}\oint_{\gamma^-} f(z)\,dz=-\frac{1}{2\pi i}\oint_\varGamma f\left(\frac{1}{t}\right)\frac{dt}{t^2},$$

$$\mathrm{Res}\,(f(z);\infty)=-\mathrm{Res}\left(f\left(\frac{1}{t}\right)\frac{1}{t^2};0\right).$$

证毕.

例 6.6 计算 $\oint_\gamma \frac{z}{(z-1)(z-2)^2}dz$, 围线 $\gamma:|z|=3$ 为逆时针方向.

解 $f(z)=\frac{z}{(z-1)(z-2)^2}$, 分别应用柯西留数定理, 留数第二定理以及定理 6.5,

$$\begin{aligned}\oint_\gamma \frac{z}{(z-1)(z-2)^2}dz =& 2\pi i\left\{\mathrm{Res}(f(z);1)+\mathrm{Res}(f(z);2)\right\}\\ =& -2\pi i\mathrm{Res}(f(z);\infty)\\ =& 2\pi i\mathrm{Res}\left(f\left(\frac{1}{t}\right)\frac{1}{t^2};0\right)=0\end{aligned}$$

最后一个等号是因为 $t=0$ 为 $f\left(\frac{1}{t}\right)\frac{1}{t^2}$ 的可去奇点.

6.2 利用留数计算实积分

数学分析中有一些定积分或反常积分, 其积分值往往不易求得, 在本节我们利用解析函数在闭曲线上的积分和留数定理提供了一个计算复杂积分的有效方法.

1. $\int_0^{2\pi} R(\cos\theta,\sin\theta)d\theta$, 其中 $R(\cos\theta,\sin\theta)$ 为 $\cos\theta\sin\theta$ 的有理函数.

解法为令 $z=e^{i\theta}$, 则 $z^{-1}=e^{-i\theta}, dz=ie^{i\theta}d\theta=izd\theta$, $d\theta=\frac{dz}{iz}$, $\cos\theta=\frac{z+\bar{z}}{2}=\frac{z+z^{-1}}{2}, \sin\theta=\frac{z-\bar{z}}{2i}=\frac{z-z^{-1}}{2i}$,

$$\int_0^{2\pi} R(\cos\theta,\sin\theta)d\theta=\oint_{|z|=1} R\left(\frac{z+z^{-1}}{2},\frac{z-z^{-1}}{2i}\right)\frac{dz}{iz},$$

积分圆周为逆时针方向.

例 6.7 计算积分 $\int_0^{2\pi}\frac{d\theta}{2+\cos\theta}$.

解 令 $z=e^{i\theta}$, 将 $\cos\theta=\frac{z+z^{-1}}{2}, d\theta=\frac{dz}{iz}$ 代入积分, 得

$$\begin{aligned}\int_0^{2\pi}\frac{d\theta}{2+\cos\theta} &= -2i\oint_{|z|=1}\frac{dz}{z^2+4z+1}\\ &= -2i\oint_{|z|=1}\frac{dz}{(z+2+\sqrt{3})(z+2-\sqrt{3})}\\ &= -2i\cdot 2\pi i\cdot\mathrm{Res}\left(f(z);\sqrt{3}-2\right)\\ &= 4\pi\cdot\left.\frac{1}{z+2+\sqrt{3}}\right|_{z=\sqrt{3}-2}\\ &= \frac{2\pi}{\sqrt{3}},\end{aligned}$$

其中 $f(z)=\frac{1}{z^2+4z+1}$.

2. $\int_{-\infty}^{+\infty}\dfrac{P(x)}{Q(x)}dx$, 其中 $P(x),Q(x)$ 为实的互质多项式.

设 $P(x)=x^m+c_{m-1}x^{m-1}+\cdots+c_0, Q(x)=x^n+b_{n-1}x^{n-1}+\cdots+b_0$, 当 $n-m\geqslant 2$ 时积分收敛, 当 $n-m\leqslant 1$ 时积分发散.

引理 6.1　设 $f(z)$ 在有向圆弧 S_R:$z=Re^{i\theta},\theta_1\leqslant\theta\leqslant\theta_2$ 上连续, 且当 $R\to+\infty$ 时, $zf(z)$ 在圆弧 S_R 上一致收敛于 α, 则

$$\lim_{R\to\infty}\int_{S_R}f(z)\,dz=i(\theta_2-\theta_1)\alpha.$$

证明　由一致收敛性, 得: 对于任意的 $\varepsilon>0$, 存在 $R_0=R(\varepsilon)>0$, 当 $R>R_0$ 时有

$$|zf(z)-\alpha|<\frac{\varepsilon}{\theta_2-\theta_1}$$

对 $z\in S_R$ 成立. 从而

$$\begin{aligned}&\left|\int_{S_R}f(z)\,dz-i(\theta_2-\theta_1)\alpha\right|\\=&\left|\int_{S_R}f(z)\,dz-\alpha\int_{S_R}\frac{dz}{z}\right|\\=&\left|\int_{S_R}\frac{zf(z)-\alpha}{z}dz\right|\\\leqslant&\frac{\varepsilon}{\theta_2-\theta_1}\frac{1}{R}(\theta_2-\theta_1)R=\varepsilon.\end{aligned}$$

证毕.

定理 6.6　设 $f(x)=\dfrac{P(x)}{Q(x)}$ 为有理分式, 其中

$$P(x)=x^m+c_{m-1}x^{m-1}+\cdots+c_0,$$

$$Q(x)=x^n+b_{n-1}x^{n-1}+\cdots+b_0$$

为互质的多项式, $n-m\geqslant 2$, $Q(x)$ 在实轴上无零点, a_k 为 $f(z)$ 的极点, 则

$$\int_{-\infty}^{+\infty}f(x)dx=2\pi i\sum_{\mathrm{Im}a_k>0}\mathrm{Res}(f(z);a_k).$$

证明　取逆时针围线 C_R, 由半径是 $R>0$, 圆心为原点的上半圆周 Γ_R 和实轴上区间 $[-R,R]$ 组成, 取 R 充分大, 使得 C_R 包围 $f(z)$ 在上半平面的所有极点. 由柯西留数定理,

$$\oint_{C_R}f(z)\,dz=2\pi i\sum_{\mathrm{Im}a_k>0}\mathrm{Res}(f(z);a_k),$$

其中

$$\oint_{C_R}f(z)\,dz=\int_{-R}^{R}f(x)\,dx+\int_{\Gamma_R}f(z)\,dz.$$

当 $R\to+\infty$ 时, $zf(z)$ 在 $\varGamma_R$ 上一致收敛于 0, 故由引理 6.1 知当 $R\to+\infty$ 时

$$\int_{\varGamma_R} f(z)\,dz\to 0,$$

而 $\displaystyle\int_{-R}^{R} f(x)\,dx\to\int_{-\infty}^{+\infty} f(x)\,dx$, 证毕.

例 6.8 计算积分 $\displaystyle\int_0^{+\infty}\frac{dx}{(x^2+1)^2}$.

解 注意到 $f(x)=\dfrac{1}{(x^2+1)^2}$ 为偶函数, $f(z)$ 在上半平面有一个 2 级极点 i, 则

$$\begin{aligned}\int_0^{+\infty}\frac{dx}{(x^2+1)^2}&=\frac{1}{2}\int_{-\infty}^{+\infty}\frac{dx}{(x^2+1)^2}=\pi i\mathrm{Res}\,(f(z);i)\\&=\pi i\left(\frac{1}{(z+i)^2}\right)'\Bigg|_{z=i}=\frac{\pi}{4}.\end{aligned}$$

3. $\displaystyle\int_{-\infty}^{+\infty}\frac{P(x)}{Q(x)}e^{imx}dx$, 其中 $P(x),Q(x)$ 为实的互质多项式.

引理 6.2 设 $g(z)$ 在上半圆周 $\varGamma_R$:$z=Re^{i\theta},0\leqslant\theta\leqslant\pi$ 上连续, 且当 $R\to+\infty$ 时, $g(z)$ 在 $\varGamma_R$ 上一致收敛于 $0,\beta>0$, 则

$$\lim_{R\to\infty}\int_{\varGamma_R} g(z)\,e^{i\beta z}dz=0.$$

上述引理称为**Jordan 引理**.

证明 由一致收敛性知, 对于任意的 $\varepsilon>0$, 存在 $R_0=R(\varepsilon)>0$, 当 $R>R_0$ 时有

$$|g(z)|<\varepsilon$$

对 $z\in\varGamma_R$ 成立.

$$\begin{aligned}\left|\int_{\varGamma_R} g(z)\,e^{i\beta z}dz\right|&=\left|\int_0^{\pi} g\left(Re^{i\theta}\right)e^{i\beta Re^{i\theta}}Re^{i\theta}id\theta\right|\\&\leqslant R\varepsilon\int_0^{\pi}e^{-\beta R\sin\theta}d\theta=2R\varepsilon\int_0^{\frac{\pi}{2}}e^{-\beta R\sin\theta}d\theta\\&\leqslant 2R\varepsilon\int_0^{\frac{\pi}{2}}e^{-2\beta R\theta/\pi}d\theta\\&=\frac{\pi\varepsilon}{\beta}\left(1-e^{-\beta R}\right)<\frac{\pi\varepsilon}{\beta}.\end{aligned}$$

证毕.

定理 6.7 设 $g(x)=\dfrac{P(x)}{Q(x)}$ 为有理分式, 其中

$$P(x)=x^m+c_{m-1}x^{m-1}+\cdots+c_0,$$

$$Q(x) = x^n + b_{n-1}x^{n-1} + \cdots + b_0$$

为互质的多项式, $n - m \geqslant 1$, $Q(x)$ 在实轴上无零点, $\beta > 0$, a_k 为 $g(z)$ 的极点, 则

$$\int_{-\infty}^{+\infty} g(x) e^{i\beta x} dx = 2\pi i \sum_{\mathrm{Im} a_k > 0} \mathrm{Res}\left(g(z) e^{i\beta z}; a_k\right),$$

其中, $\int_{-\infty}^{+\infty} g(x) e^{i\beta x} dx = \int_{-\infty}^{+\infty} g(x) \cos\beta x dx + i \int_{-\infty}^{+\infty} g(x) \sin\beta x dx.$

证明　取逆时针围线 C_R, 由半径是 $R > 0$, 圆心为原点的上半圆周 Γ_R 和实轴上区间 $[-R, R]$ 组成, 取 R 充分大, 使得 C_R 包围 $g(z)$ 在上半平面的所有极点. 由柯西留数定理.

$$\oint_{C_R} g(z) e^{i\beta z} dz = 2\pi i \sum_{\mathrm{Im} a_k > 0} \mathrm{Res}\left(g(z) e^{i\beta z}; a_k\right),$$

其中

$$\oint_{C_R} g(z) e^{i\beta z} dz = \int_{-R}^{R} g(x) e^{i\beta x} dx + \int_{\Gamma_R} g(z) e^{i\beta z} dz$$

当 $R \to +\infty$ 时, $g(z)$ 在 Γ_R 上一致收敛于 0, 故由引理 6.2 知当 $R \to +\infty$ 时

$$\int_{\Gamma_R} g(z) e^{i\beta z} dz \to 0,$$

而 $\int_{-R}^{R} g(x) e^{i\beta x} dx \to \int_{-\infty}^{+\infty} g(x) e^{i\beta x} dx$. 证毕.

例 6.9　计算积分 $\int_{-\infty}^{+\infty} \frac{x \sin x}{x^2 + 9} dx$.

解　$g(z) = \frac{z}{z^2 + 9}$ 在上半平面有一个一级极点 $3i$, 所以由定理 6.7 得:

$$\begin{aligned} \int_{-\infty}^{+\infty} \frac{x e^{ix}}{x^2 + 9} dx &= 2\pi i \mathrm{Res}\left(g(z) e^{iz}; 3i\right) \\ &= 2\pi i \left.\frac{z e^{iz}}{z + 3i}\right|_{z=3i} = i\pi e^{-3}, \end{aligned}$$

所以, $\int_{-\infty}^{+\infty} \frac{x \sin x}{x^2 + 9} dx = \pi e^{-3}$.

6.3　辐角原理

现在我们来计算一类重要的留数 —— 函数 $f(z)$ 的对数导数 $\frac{f'(z)}{f(z)}$ 的留数, 如果 $f(z)$ 没有本性奇点, 则 $\frac{f'(z)}{f(z)}$ 的奇点由 $f(z)$ 的零点和极点组成.

引理 6.3　(1) 设复平面上 a 点为 $f(z)$ 的 n 级零点, 则 a 为 $\frac{f'(z)}{f(z)}$ 的一级极点, 且 $\mathrm{Res}\left(\frac{f'}{f}; a\right) = n$.

(2) 设复平面上 b 点为 $f(z)$ 的 m 级极点, 则 b 为 $\dfrac{f'(z)}{f(z)}$ 的一级极点, 且 $\operatorname{Res}\left(\dfrac{f'}{f};b\right)=-m$.

证明 (1) 设 $f(z)=(z-a)^n g(z), g(z)$ 在 a 点解析且 $g(a)\neq 0$, 则

$$\frac{f'(z)}{f(z)}=\frac{n}{z-a}+\frac{g'(z)}{g(z)},$$

其中, $\dfrac{g'}{g}$ 在 a 点解析, 在 a 点的邻域 $U(a)$ 内洛朗展开式没有负幂项. 所以 $\dfrac{f'(z)}{f(z)}$ 在 $U^\circ(a)$ 内的洛朗展开式的负幂项为 $\dfrac{n}{z-a}$, 故 a 为 $\dfrac{f'(z)}{f(z)}$ 的一级极点, 且 $\operatorname{Res}\left(\dfrac{f'}{f};a\right)=n$.

(2) 设 $f(z)=\dfrac{1}{(z-b)^m}h(z), h(z)$ 在 b 点解析且 $g(b)\neq 0$, 则

$$\frac{f'(z)}{f(z)}=\frac{-m}{z-b}+\frac{h'(z)}{h(z)},$$

其中, $\dfrac{h'}{h}$ 在 a 点解析, 在 a 点的邻域 $U(a)$ 内洛朗展开式没有负幂项. 所以 $\dfrac{f'(z)}{f(z)}$ 在 $U^\circ(a)$ 内的洛朗展开式的负幂项为 $\dfrac{-m}{z-b}$, 故 b 为 $\dfrac{f'(z)}{f(z)}$ 的一级极点, 且 $\operatorname{Res}\left(\dfrac{f'}{f};b\right)=-m$. 证毕.

定理 6.8 设 γ 为按段光滑的逆时针方向围线, $f(z)$ 在 γ 内部区域 D 上除了可能有的极点外解析, $f(z)$ 在 γ 上解析且没有零点, 则

$$\frac{1}{2\pi i}\oint_\gamma \frac{f'(z)}{f(z)}dz=N(f,\gamma)-P(f,\gamma),$$

其中 $N(f,\gamma), P(f,\gamma)$ 分别表示 $f(z)$ 在 γ 内部的零点个数和极点个数, 记重数.

证明 因为 D 为有界区域, 所以可以推知 $f(z)$ 在 D 上只有有限个极点和零点. 否则, 若 $f(z)$ 在 D 上有无限个极点或零点 $z_n\in D$, 则由致密性定理知, 存在子列 $z_{n_k}\to\zeta, k\to\infty$. 如果 $\zeta\in\gamma$, 则 ζ 为 $f(z)$ 的极点或零点, 与已知矛盾. 如果 $\zeta\in D$, 则由唯一性定理得到, 在 $\bar{D}=D+\gamma$ 上有 $f(z)\equiv\infty$ 或 $f(z)\equiv 0$, 矛盾.

设 $f(z)$ 在 D 上的相异零点为 $a_1,\cdots,a_p$, 零点的级相应为 $n_1,\cdots,n_p, f(z)$ 在 D 上的相异极点为 $b_1,\cdots,b_q$, 极点的级相应为 $m_1,\cdots,m_q$. 由引理 6.3, $\dfrac{f'(z)}{f(z)}$ 在 D 上除了一级极点 $a_1,\cdots,a_p,b_1,\cdots,b_q$ 外处处解析, 由柯西留数定理得到

$$\begin{aligned}\frac{1}{2\pi i}\oint_\gamma \frac{f'(z)}{f(z)}dz&=\sum_{k=1}^{p}\operatorname{Res}\left(\frac{f'}{f};a_k\right)+\sum_{j=1}^{q}\operatorname{Res}\left(\frac{f'}{f};b_j\right)\\&=\sum_{k=1}^{p}n_k+\sum_{j=1}^{q}(-m_j)\\&=N(f,\gamma)-P(f,\gamma).\end{aligned}$$

证毕.

定理 6.9 设 γ 为按段光滑的逆时针方向围线, $f(z)$ 在 γ 内部区域 D 上除了可能有的极点外解析, $f(z)$ 在 γ 上解析且没有零点, 则

$$N(f,\gamma)-P(f,\gamma)=\frac{1}{2\pi}\Delta_\gamma \arg f(z),$$

其中, $\Delta_\gamma \arg f(z)$ 表示当 $z\in\gamma$ 沿着 γ 逆时针方向绕行一圈时 $f(z)$ 的辐角改变量.

特别地, 若 $f(z)$ 在 γ 及其内部区域解析, $f(z)$ 在 γ 上没有零点, 则

$$N(f,\gamma)=\frac{1}{2\pi}\Delta_\gamma \arg f(z).$$

上述定理 6.8, 定理 6.9 都称为**辐角原理**.

证明 由定理 6.8,

$$\begin{aligned}N(f,\gamma)-P(f,\gamma)=&\frac{1}{2\pi i}\oint_\gamma \frac{f'(z)}{f(z)}dz\\=&\frac{1}{2\pi i}\oint_\gamma \frac{df(z)}{f(z)}=\frac{1}{2\pi i}\oint_\gamma d(\mathrm{Ln}f)\\=&\frac{1}{2\pi i}\oint_\gamma d(\ln|f|+i\arg f(z)+i2k\pi)\\=&\frac{1}{2\pi}\Delta_\gamma \arg f(z).\end{aligned}$$

证毕.

例 6.10 试用函数 $f(z)=(z-1)^4(z-3)$ 和逆时针围线 $\varGamma=\{|z|=2\}$ 验证辐角原理.

解

$$N(f(z),\varGamma)-P(f(z),\varGamma)=4-0=4,$$

$$\begin{aligned}\Delta_\varGamma \arg f(z)=&4\Delta_\varGamma \arg(z-1)+\Delta_\varGamma \arg(z-3)\\=&4\times 2\pi+0=8\pi,\end{aligned}$$

所以, $N(f(z),\varGamma)-P(f(z),\varGamma)=\dfrac{1}{2\pi}\Delta_\varGamma \arg f(z)$.

例 6.11 设 $f(z)$ 在围线 $\varGamma$ 内部除了一个一级极点外解析, 且连续到边界 $\varGamma$, 在 $\varGamma$ 上 $|f(z)|\equiv 1, |a|>1$, 证明: 方程 $f(z)+a=0$ 在 $\varGamma$ 内部恰好有一个根.

证明 $P(f(z)+a,\varGamma)=P(f(z),\varGamma)=1$, 设 $w=f(z)+a$, 则在 $z\in\varGamma$ 上, $|w-a|=|f(z)|=1$(设为曲线 $\varGamma'$). 由辐角原理

$$\begin{aligned}&N(f(z)+a,\varGamma)-P(f(z)+a,\varGamma)\\=&\frac{1}{2\pi}\Delta_\varGamma \arg(f(z)+a)\\=&\frac{1}{2\pi}\Delta_{\varGamma'} \arg w=0,\end{aligned}$$

故 $N(f(z)+a,\varGamma)=P(f(z)+a,\varGamma)=1$. 证毕.

6.4 鲁歇定理及其应用

定理 6.10 设 γ 为按段光滑的围线, 函数 $f(z), g(z)$ 都在围线 γ 及其内部解析. 在围线 γ 上 $|f(z)| > |g(z)|, z \in \gamma$. 则

$$N(f, \gamma) = N(f+g, \gamma).$$

上述定理称为**鲁歇 (Rouché) 定理**.

证明 利用定理 6.9 来证明. 因为 $|f(z)| > |g(z)|, z \in \gamma$, 所以 $|f(z)| > 0, |f(z)+g(z)| \geqslant |f(z)| - |g(z)| > 0$, $z \in \gamma$. 也就是 $f(z)$ 和 $f(z)+g(z)$ 在 γ 上无零点. 应用辐角原理得

$$\begin{aligned} N(f, \gamma) &= \frac{1}{2\pi} \Delta_\gamma \arg f(z), \\ N(f+g, \gamma) &= \frac{1}{2\pi} \Delta_\gamma \arg (f(z)+g(z)) \\ &= \frac{1}{2\pi} \Delta_\gamma \arg f(z) \left(1 + \frac{g(z)}{f(z)}\right) \\ &= \frac{1}{2\pi} \Delta_\gamma \arg f(z) + \frac{1}{2\pi} \Delta_\gamma \arg \left(1 + \frac{g(z)}{f(z)}\right), \end{aligned}$$

令 $w = 1 + \dfrac{g(z)}{f(z)}$, 则当 $z \in \gamma$ 时 $|w-1| = \left|\dfrac{g(z)}{f(z)}\right| < 1$ 即 z 平面上围线 γ 在映射 $w = 1 + \dfrac{g(z)}{f(z)}$ 下的像曲线 Γ 含于 w 平面上的圆 $|w-1| < 1$ 内. 从而,

$$\Delta_\gamma \arg \left(1 + \frac{g(z)}{f(z)}\right) = \Delta_\Gamma \arg w = 0.$$

证毕.

利用定理 6.8 也可以证明鲁歇定理, 作为思考题.

注 6.1 在定理 6.10 的条件下, 对于 $\alpha \in C, |\alpha| \leqslant 1$, 有

$$N(f, \gamma) = N(f + \alpha g, \gamma).$$

注 6.2 鲁歇定理的另一个等价形式: γ 为按段光滑的围线, 函数 $\phi(z), \varphi(z)$ 都在围线 γ 及其内部解析. 当 $z \in \gamma$ 时,

$$|\phi(z)| > |\phi(z) - \varphi(z)|.$$

则

$$N(\phi, \gamma) = N(\varphi, \gamma).$$

证明 在定理 6.10 中, 取 $f(z) = \phi(z), g(z) = \varphi(z) - \phi(z)$, 证毕.

例 6.12 证明: 当 $|a| > e$ 时, 方程 $e^z - az^n = 0$ 在单位圆 $|z| < 1$ 内有 n 个根.

证明　当 $|z|=1$ 时, $|-az^n|=|a|>e=e^{|z|}\geqslant e^{\mathrm{Re}z}=|e^z|$, 所以, 由鲁歇定理,

$$N\left(e^z-az^n\,,\,|z|=1\right)=N\left(-az^n\,,\,|z|=1\right)=n,$$

从而, 方程 $e^z-az^n=0$ 在单位圆 $|z|<1$ 内有 n 个根.

例 6.13　试用鲁歇定理证明代数学基本定理. 即证明: 在复平面 C 上 n 次多项式

$$p\left(z\right)=z^n+a_{n-1}z^{n-1}+\cdots+a_1z+a_0$$

恰好有 n 个零点, 记重数. 其中 n 为正整数.

证明　设 $f\left(z\right)=z^n, g\left(z\right)=a_{n-1}z^{n-1}+\cdots+a_1z+a_0$, 则 $p\left(z\right)=f\left(z\right)+g\left(z\right)$. 由 $\lim\limits_{z\to\infty}p\left(z\right)=\infty$ 知, 对于充分大的 $R>0$, 都有: 当 $|z|\geqslant R$ 时 $|p\left(z\right)|>1$, 即当 $|z|\geqslant R$ 时 $p\left(z\right)$ 无零点.

由 $\lim\limits_{z\to\infty}\dfrac{g\left(z\right)}{z^n}=0$ 知, 当 R 充分大时, 对于 $|z|=R$, 有 $\left|\dfrac{g\left(z\right)}{z^n}\right|<1$, 即 $|g\left(z\right)|<|f\left(z\right)|, z\in\{|z|=R\}$. 应用鲁歇定理得到

$$N\left(p\left(z\right)\,,\,|z|=R\right)=N\left(f\left(z\right)\,,\,|z|=R\right)=n,$$

所以, $p\left(z\right)$ 在 $|z|<R$ 内有 n 个零点. 故 $p\left(z\right)$ 在复平面上恰好有 n 个零点. 证毕.

例 6.14　证明: 方程 $z^3-z^2+3=0$ 的根全部在圆环 $1<|z|<2$ 内.

证明　根据代数学基本定理, 该方程在复平面上共有 3 个根.

(1) 当 $|z|=1$ 时, $\left|z^3-z^2\right|\leqslant|z|^3+|z|^2=2<3$, 故

$$N\left(z^3-z^2+3\,,\,|z|=1\right)=N\left(3\,,\,|z|=1\right)=0,$$

由鲁歇定理, z^3-z^2+3 在 $|z|\leqslant1$ 内无零点.

(2) 当 $|z|=2$ 时, $\left|-z^2+3\right|\leqslant|z|^2+3=7<8=\left|z^3\right|$

$$N\left(z^3-z^2+3\,,\,|z|=2\right)=N\left(z^3\,,\,|z|=1\right)=3,$$

由鲁歇定理, z^3-z^2+3 在 $|z|<2$ 内有 3 个零点.

所以, 方程 $z^3-z^2+3=0$ 的 3 个根全部在圆环 $1<|z|<2$ 内.

例 6.15　设 $f\left(z\right)$ 在单位圆周 γ:$|z|=1$ 及其内部解析, 且在 γ 上 $|f\left(z\right)|<1$, 证明: 在 γ 内部 $f\left(z\right)$ 只有一个不动点.

证明　问题等价于证明: 方程 $f\left(z\right)-z=0$ 在圆 $|z|<1$ 内只有一个根. 当 $|z|=1$ 时, $|f\left(z\right)|<1=|-z|$, 所以,

$$N\left(f\left(z\right)-z\,,\,|z|=1\right)=N\left(-z\,,\,|z|=1\right)=1,$$

从而, $f(z)$ 在 $|z|<1$ 内只有一个不动点.

例 6.16 证明: 方程 $e^z - ze^\lambda = 0$ 在单位圆 $|z|<1$ 内仅有一个实根. 其中 $\lambda > 1$.

证明 (1) 当 $|z|=1$ 时, $\left|-ze^\lambda\right| = e^\lambda > e = e^{|z|} \geqslant e^{\mathrm{Re}z} = |e^z|$, 所以, 由鲁歇定理,

$$N\left(e^z - ze^\lambda, |z|=1\right) = N\left(-ze^\lambda, |z|=1\right) = 1,$$

从而, 方程 $e^z - ze^\lambda = 0$ 在单位圆 $|z|<1$ 内有 1 个根.

(2) 下面证明此根必为实根.

方法一 设此根为 $z_0 = \alpha + i\beta$, 则

$$e^{z_0} = z_0 e^\lambda,$$

两边去共轭, 得到 $e^{\bar{z}_0} = \bar{z}_0 e^\lambda$, 则 z_0 和 $\bar{z}_0$ 都为方程的根, 由根的唯一性, $z_0 = \bar{z}_0$, 所以 $\beta = 0$, 即根 $z_0 = \alpha \in R$.

方法二 由数学分析之介值定理, 实函数 $f(x) = e^x - xe^\lambda$ 在闭区间 $[0, 1]$ 上连续, 且 $f(1) = e - e^\lambda < 0, f(0) = 1 > 0$, 由零点定理, 存在 x_0 使得 $x_0 \in (0, 1) \subset R$. 由根的唯一性知方程 $e^z - ze^\lambda = 0$ 的唯一的一个根在实轴上. 证毕.

6.5 Huiwitz 定理、单叶性定理

作为鲁歇定理的应用, 我们来证明下述**Huiwitz 定理**.

定理 6.11 若区域 D 内解析函数列 $f_n(z)\,(n=1,2,\cdots)$ 当 $n\to\infty$ 时在 D 上内闭一致收敛到不恒为 0 的函数 $f(z)$, γ 为 D 内按段光滑的围线, 围线 γ 的内部含于 D 内, 且 γ 不经过 $f(z)$ 的零点, 则存在正整数 N, 使得当 $n \geqslant N$ 时, 在 γ 内部, $f_n(z)$ 与 $f(z)$ 有相同个数的零点.

证明 由 Weierstrass 定理, $f(z)$ 在 D 上解析. 由已知, 在 γ 上, $f(z) \neq 0$, 因为 $|f(z)|$ 在有界闭集 γ 上连续, 所以存在正数 $\alpha > 0$, 使得

$$|f(z)| \geqslant \alpha > 0, \quad z \in \gamma.$$

因为 $f_n(z)$ 在 γ 上一致收敛到 $f(z)$, 所以对于上述的 $\alpha > 0$, 存在正整数 N, 使得当 $n \geqslant N$ 时, 在 γ 上都有

$$|f_n(z) - f(z)| < \frac{\alpha}{2}$$

成立. 所以当 $n \geqslant N$ 时, 在 γ 上有

$$|f_n(z) - f(z)| < |f(z)|$$

成立. 根据鲁歇定理, 当 $n \geqslant N$ 时

$$N(f_n(z), \gamma) = N(f(z), \gamma).$$

证毕.

定理 6.12　若函数列 $f_n(z)\,(n=1,2,\cdots)$ 在区域 D 内单叶解析, 且当 $n\to\infty$ 时在 D 上内闭一致收敛到函数 $f(z)$, $f(z)$ 不恒为常数, 则 $f(z)$ 在 D 内单叶解析.

证明　由 Weierstrass 定理, $f(z)$ 在 D 内解析. 反设 $f(z)$ 在 D 内不是单叶的, 则在 D 内存在两点 $z_1, z_2, z_1 \neq z_2$, 使得 $f(z_1)=f(z_2)$. 令

$$F(z) = f(z) - f(z_1),$$

则 z_1, z_2 为 $F(z)$ 的零点. 由零点的孤立性知在 D 内存在两个小圆周 γ_1, γ_2 分别以 z_1, z_2 为心, 互不相交, 互不包含, 全在 D 内, 使得 $F(z)$ 在 γ_1 内部仅以 z_1 为零点, $F(z)$ 在 γ_2 内部仅以 z_2 为零点.

因为函数列 $F_n(z) = f_n(z) - f(z_1)$ 在 D 上内闭一致收敛到 $F(z)$, 由 Huiwitz 定理, 当 n 充分大时, $F_n(z)$ 在 γ_1, γ_2 内部至少各有一个零点, 不妨在 D 内存在 $z_1', z_2', z_1' \neq z_2'$ 使得 $F_n(z_1')=0, F_n(z_2')=0$. 即

$$f_n(z_1') = f_n(z_2') = f(z_1).$$

这与 $f_n(z)$ 在 D 内单叶矛盾. 证毕.

定理 6.13　若 $f(z)$ 在区域 D 内单叶解析, 则在 D 内, $f'(z)\neq 0$.

证明　反设存在 $a\in D$, 使得 $f'(a)=0$. 显然 $f(z)-f(a), f'(z)$ 都不恒为 0. 由 $f(z)$ 在邻域 $U(a)$ 内的泰勒展开式:

$$f(z) = f(a) + f'(a)(z-a) + \frac{f''(a)}{2!}(z-a)^2 + \cdots,$$

从而

$$f(z) - f(a) = \frac{f''(a)}{2!}(z-a)^2 + \cdots$$

知 a 为 $f(z)-f(a)$ 的 n 级零点, $n\geqslant 2$. 故 a 也为 $f'(z)$ 的零点, 由零点的孤立性, 存在邻域 $U(a,r)$ 使得 $f(z)-f(a), f'(z)$ 在 $\bar{U}(a,r)\setminus\{a\}$ 上无零点. 记 γ:$|z-a|=r$, 因为 $f(z)-f(a)$ 在 γ 上连续, 无零点, 故存在正数 $m>0$, 使得

$$|f(z)-f(a)| \geqslant m > 0, \quad z\in\gamma.$$

取常数 $b\neq 0$, 使得 $|b|<m$, 则

$$|f(z)-f(a)| \geqslant m > |b|, \quad z\in\gamma.$$

由鲁歇定理知

$$N(f(z)-f(a)+b,\gamma)=N(f(z)-f(a),\gamma)=n,$$

设 $f(z)-f(a)+b$ 的这 n 个零点为 $z_1,z_2,\cdots,z_n$, 位于 γ 内部. 因为 $b\neq 0$, 则 a 不为 $z_1,z_2,\cdots,z_n$. 因为在 z_k 处, $f'(z)\neq 0$, 则 $z_1,z_2,\cdots,z_n$ 为 $f(z)-f(a)+b$ 的简单零点. 故 $z_1,z_2,\cdots,z_n$ 为 $f(z)-f(a)+b$ 的互异的 n 个零点, 即

$$f(z_1)=f(z_2)=\cdots=f(z_n)=f(a)-b,$$

这与 $f(z)$ 的单叶性矛盾. 证毕.

根据定理 2.8, 区域 D 上的单叶解析函数一定是保角变换.

定理 6.13 的逆命题不成立, 反例: 函数 $f(z)=e^z$ 的导函数在复平面上处处有 $f'(z)=e^z\neq 0$, 但在复平面上 $f(z)=e^z$ 不是单叶的. 尽管如此, 在使得 $f'(z_0)\neq 0$ 的点 z_0 的局部邻域内, 函数 $f(z)$ 是单叶的.(用鲁歇定理可以证明. 思考题)

习　题　6

1. 求下列各函数 $f(z)$ 在有限奇点处的留数.

(1) $\dfrac{z+1}{z^2-2z}$;　(2) $\dfrac{1+z^4}{(z^2+1)^3}$;

(3) $\cos\dfrac{1}{1-z}$;　(4) $\dfrac{1}{z\sin z}$.

2. 计算下列各积分 (利用留数; 圆周均取逆时针方向).

(1) $\displaystyle\oint_{|z|=\frac{3}{2}}\frac{\sin z}{z}dz$; (2) $\displaystyle\oint_{|z|=2}\frac{e^{2z}}{(z-1)^2}dz$; (3) $\displaystyle\oint_{|z|=3}\tan\pi z dz$;

(4) $\displaystyle\oint_{|z|=1}\frac{1}{(z-a)^n(z-b)^n}dz$ (其中 n 为正整数, 且 $|a|\neq 1$, $|b|\neq 1$, $|a|<|b|$).

3. 判定 $z=\infty$ 是下列各函数的什么奇点, 并求出在 ∞ 的留数.

(1) $e^{\frac{1}{z^2}}$; (2) $\cos z-\sin z$; (3) $\dfrac{2z}{3+z^2}$.

4. 利用留数定理计算定积分.

$$\int_0^{\pi}\frac{d\theta}{(a+\cos\theta)^2},\ (a>1).$$

5. 计算积分.

$$\int_{-\infty}^{+\infty}\frac{dx}{(x^2+a^2)^2(x^2+b^2)},\ (a>0,\ b>0,\ a\neq b).$$

6. 求下列各积分之值.

(1) $\displaystyle\int_0^{2\pi}\frac{d\theta}{a+\cos\theta}\ (a>1)$; (2) $\displaystyle\int_0^{2\pi}\frac{dx}{(2+\sqrt{3}\cos x)^2}$;

(3) $\displaystyle\int_0^{\pi} \tan(\theta + ia)d\theta$ (a 为实数且 $a \neq 0$).

7. 利用留数定理证明下列两个无穷级数的和.

(1) $\displaystyle\sum_{n=1}^{\infty}(-1)^n \frac{2z}{z^2 - n^2\pi^2} = \frac{z - \sin z}{z \sin z}$;

(2) $\displaystyle\sum_{n=1}^{\infty}(-1)^n \frac{\operatorname{sech}\pi\left(n + \frac{1}{2}\right)}{(2n+1)^5} = \frac{\pi^5}{768}$.

8. 设 $f(z)$ 在 $|z| < 1$ 内解析, 在 $|z| \leqslant 1$ 上连续, 试证:

$$(1 - |z|^2)f(z) = \frac{1}{2\pi i}\int_{C:|\zeta|=1} f(\zeta)\left(\frac{1 - \bar{z}\zeta}{\zeta - z}\right)d\zeta,$$

其中 z 属于 C 的内部.

9. 试证:

$$\left(\frac{z^n}{n!}\right)^2 = \frac{1}{2\pi i}\int_C \frac{z^n e^{z\zeta}}{n!\zeta^n}\frac{d\zeta}{\zeta},$$

这里 C 是围绕原点的一条逆时针围线.

10. 设函数 $f(z)$ 在 $|z| \leqslant r$ 上解析, 在 $|z| = r$ 上 $f(z) \neq 0$. 试证: 在 $|z| = r$ 上,

$$\operatorname{Re}\left(z\frac{f'(z)}{f(z)}\right)$$

的最大值至少等于 $f(z)$ 在 $|z| < r$ 内的零点个数.

11. 如果 $|a| > \dfrac{e^R}{R^n}$, 试证方程

$$e^z = az^n \quad (n\text{为正整数})$$

在圆 $|z| < R$ 内恰有 n 个根.

12. 试证方程

$$z + e^{-z} = a(a > 1)$$

在 $\operatorname{Re}z > 0$ 内只有一个根, 且为实根.

13. 设 D 是周线 C 的内部, $f(z)$ 在闭域 $\bar{D} = D + C$ 上解析. 试证: 在 D 内不可能存在一点 z_0 使 $|f(z)| < |f(z_0)| \quad (z \in C)$.

14. 若 $f(z)$ 在围线 C 内部除有一个 2 级极点外解析, 且连续到 C, 在 C 上 $|f(z)| = 1$. 证明

$$f(z) = a \quad (|a| > 1)$$

在 C 内部恰好是 2 个根.

15. 设 $\varphi(z)$ 在 $C: |z| = 1$ 内部解析, 且连续到 C, 在 C 上 $|\varphi(z)| < 1$, 试证: 在 C 内部只有一个点 z_0, 使 $\varphi(z_0) = z_0$.

16. 设函数 $f(z)$ 在闭圆 $|z| \leqslant R$ 上解析，如果存在 $a>0$，使当 $|z|=R$ 时

$$|f(z)|>a,$$

而且

$$|f(0)|<a,$$

试用鲁歇定理证明：在圆 $|z|<R$ 内 $f(z)$ 至少有一个零点.

17. 设函数 $f(z)$ 在闭单位圆盘 $|z| \leqslant 1$ 上解析, $f(z)$ 限制在单位圆周 $\Gamma=\{|z|=1\}$ 上是一个一一映射, 此时 Γ 的像为 $\gamma=f(\Gamma)$ 简单闭曲线. 证明: 在 γ 的内部区域 G 的任意一点都被 $f(z)$ 取到, 且只取一次.

18. 设 $f(z)$ 在区域 G 内解析, γ 为 G 内按段光滑的围线, 其内部含于 G 内, $f(z)$ 在 γ 上取实数值, 证明: $f(z)$ 在 G 内为常数.

19. 设 $|z_k|<1, (k=1, 2, \cdots, n)$, $|b|<1$,

$$f(z)=\prod_{k=1}^{n} \frac{z_k-z}{1-\bar{z}_k z},$$

证明: 方程 $f(z)=b$ 在圆 $|z|<1$ 内恰好有个根.

20. 试用鲁歇定理证明最大模定理.

21. 利用辐角原理证明代数学基本定理.

第 7 章　解析函数的几何理论

7.1　共形映射的性质

对于区域 D 上的复变函数 $f(z)$, 如果 f 将 D 上任何开集映射为复平面上的开集, 则称 f 为**开映射**.

定理 7.1　$f(z)$ 为区域 D 上解析函数, 不恒为常数, 则 $f(z)$ 是一个开映射.

利用鲁歇定理可以证明定理 7.1, 具体略. 详见李忠先生的书.

因为区域 D 是连通开集, 这里的连通指弧连通, 对于解析函数 $f(z)$ 来说, $f(D)$ 显然是弧连通的. 结合定理 7.1, 立即有下述解析函数的**保域性**定理.

定理 7.2　若 $f(z)$ 为区域 D 上解析函数, 不恒为常数, 则 $f(D)$ 也是一个区域.

根据定理 6.13, 若 $f(z)$ 在区域 D 上单叶解析, 则在 D 上, $f'(z) \neq 0$, 再根据定理 2.8, 区域 D 上的单叶解析函数一定是保角变换.

定义 7.1　若 $f(z)$ 是在区域 D 上单叶解析函数, $G := f(D)$, 则称映射

$$w = f(z) : D \to G$$

为从 D 到 G 的共形映射.

最常见和最常用的共形映射是分式线性映射, 又叫莫比乌斯 (Möbius) 变换, 即:

$$w = L(z) = \frac{az+b}{cz+d}, \quad ad - bc \neq 0.$$

$w = L(z)$ 可以分解为四个简单变换的复合:

当 $c = 0$ 时, $w = Az + B$ 可分解为

$$z_1 = e^{i\theta} z, z_2 = r z_1, w = z_2 + B \text{的复合}.$$

当 $c \neq 0$ 时, $w = \dfrac{a}{c} + \dfrac{bc-ad}{c^2}\dfrac{1}{z+\frac{d}{c}}$ 可分解为

$$z_1 = z + \frac{d}{c}, z_2 = \frac{1}{z_1}, w = \frac{bc-ad}{c^2} z_2 + \frac{a}{c} \text{的复合}.$$

故 $w = L(z)$ 可由四类变换复合而成:

(1) 平移变换 $w = z + a$,

(2) 旋转变换 $w = e^{i\theta} z$, $\theta \in R$,

(3) 相似变换 $w=rz, r>0$,

(4) 倒数变换 $w=\dfrac{1}{z}$, 即关于单位圆周的反演变换 $z_1=\dfrac{1}{\bar{z}}$ 和关于实轴的反演变换 $w=\bar{z}_1$.

定理 7.3 除了恒等变换 $w=z$ 外, 任何分式线性变换都有两个相异的或二重的不动点.

证明 $w=L(z)=z$, 即二次方程 $cz^2+(d-a)z-b=0$ 一定有相异的两个根或一个二重根. 证毕.

定义 7.2 设 z_1, z_2, z_3, z_4 为复平面 C 上有序的四个不同点, 定义它们的交比为

$$(z_1, z_2, z_3, z_4)=\frac{z_4-z_1}{z_4-z_2}:\frac{z_3-z_1}{z_3-z_2},$$

当 $z_j=\infty$ 时交比的值, 就是对上式取极限 $z_j\to\infty$ 的值, 比如:

$$(z_1, z_2, z_3, \infty)=\lim_{z_4\to\infty}(z_1, z_2, z_3, z_4)=\frac{1}{1}:\frac{z_3-z_1}{z_3-z_2}.$$

定理 7.4 设 z_1, z_2, z_3, z_4 为扩充复平面 $\bar{C}$ 上 4 个不同点, 则

$$(z_1, z_2, z_3, z_4)=(L(z_1), L(z_2), L(z_3), L(z_4)).$$

这称为分式线性映射的**保交比性**.

证明 将 $w=L(z)=\dfrac{az+b}{cz+d}$ 代入 $(L(z_1), L(z_2), L(z_3), L(z_4))$, 即得. 证毕.

定理 7.5 设扩充复平面上三对不同点 z_1, z_2, z_3 和 w_1, w_2, w_3, 则存在唯一的分式线性映射 $w=L(z)$, 使得

$$w_1=L(z_1), w_2=L(z_2), w_3=L(z_3).$$

证明 设分式线性变换 $w=L(z)$ 在三个不同点 z_1, z_2, z_3 处依次取值 w_1, w_2, w_3, 设 z 不同于 z_1, z_2, z_3, 则由定理 7.4 得到

$$(z_1, z_2, z_3, z)=(w_1, w_2, w_3, L(z)),$$

即

$$\frac{z-z_1}{z-z_2}:\frac{z_3-z_1}{z_3-z_2}=\frac{L(z)-w_1}{L(z)-w_2}:\frac{w_3-w_1}{w_3-w_2},$$

由此即得 $w=L(z)$ 的唯一的表达式. 证毕.

定理 7.6 任何圆周都可表示为

$$\left|\frac{z-z_1}{z-z_2}\right|=k, \quad k>0,$$

其中, z_1, z_2 为关于圆的两个对称点. 当 $k=1$ 时, 上述方程表示直线, 可看成是半径 ∞ 的圆. 当 $k\neq 1$ 时, 上述方程表示圆周 $|z-a|=R$, 圆周的圆心为

$$a=\frac{z_1-k^2 z_2}{1-k^2},$$

半径为

$$R = \frac{k\left|z_1 - z_2\right|}{\left|1 - k^2\right|}.$$

证明　利用公式 $|z|^2 = z\bar{z}$, 易证. 证毕.

定理 7.7　任何分式线性映射

$$w = L(z) = \frac{az+b}{cz+d}, \quad ad - bc \neq 0$$

将圆周 K 映射为圆周 H, 且将关于圆周 K 的两个对称点变为关于圆周 H 的两个对称点.

这是分式线性映射的**保圆性**, **保对称点性**.

证明　设 z_1, z_2 为关于圆周 K 的两个对称点, $z_1 \neq z_2$, 则圆周 K 的方程为

$$K: \left|\frac{z - z_1}{z - z_2}\right| = k, \quad k > 0.$$

将 $z = L^{-1}(w) = \dfrac{-dw+b}{cw-a}$ 代入, 得到

$$\left|\frac{(cz_1+d)\,w - (az_1+b)}{(cz_2+d)\,w - (az_2+b)}\right| = k. \qquad (*)$$

若 $cz_1 + d \neq 0$, $cz_2 + d \neq 0$, 则 $(*)$ 式即为圆周 H

$$H: \left|\frac{w - w_1}{w - w_2}\right| = h,$$

其中,

$$h = \left|\frac{cz_2+d}{cz_1+d}\right| \cdot k,$$

$$w_1 = L(z_1) = \frac{az_1+b}{cz_1+d}, w_2 = L(z_2) = \frac{az_2+b}{cz_2+d}.$$

显然, 点 z_1, z_2 的像点 w_1, w_2 也关于圆周 H 对称.

若 $cz_1 + d = 0$, 则 $cz_2 + d \neq 0$, $az_1 + b \neq 0$. 由 $(*)$ 式得到

$$|w - w_2| = \frac{|az_1+b|}{k\,|cz_2+d|},$$

是一个以 w_2 为圆心的圆周, 点 $w_1 = \infty$ 与点 w_2 关于该圆周对称.

若 $cz_2 + d = 0$, 则 $cz_1 + d \neq 0$, $az_2 + b \neq 0$, 则由 $(*)$ 式得到

$$|w - w_1| = k\frac{|az_2+b|}{|cz_1+d|},$$

这是一个以 w_1 为圆心的圆周, 点 w_1 与点 $w_2 = \infty$ 关于该圆周对称. 证毕.

定理 7.8 设 z_1, z_2, z_3 为三个不同的点, K 为经过这三点的圆周, 则 z, z^* 关于圆 K 对称的充分且必要条件为

$$(z_1, z_2, z_3, z^*) = \overline{(z_1, z_2, z_3, z)}.$$

证明 $L(z) = (z_1, z_2, z_3, z)$ 将 z_1, z_2, z_3 映射为 $0, 1, \infty$. 因而将圆周 K 映射为实轴, 由分式线性映射的保对称点性, 故 z, z^* 关于圆 K 对称当且仅当 $L(z), L(z^*)$ 关于实轴对称当且仅当 $L(z^*) = \overline{L(z)}$. 证毕.

定理 7.9 四点 z_1, z_2, z_3, z_4 共圆的充分且必要条件为其交比为实数, 即 $(z_1, z_2, z_3, z_4) \in R$.

证明 $L(z) = (z_1, z_2, z_3, z)$ 将经过三点 z_1, z_2, z_3 的圆 K 映射为实轴, 则 z_1, z_2, z_3, z_4 四点共圆当且仅当 $w_4 = L(z_4)$ 位于实轴上当且仅当 $L(z_4) = (z_1, z_2, z_3, z_4) \in R$. 证毕.

定理 7.10 设 D 为边界多于一点的单连通区域, $z_0 \in D$, 则存在一个从 D 到单位圆 $\Delta = \{|z| < 1\}$ 的共形映射 $f{:}D \to \Delta$, 使得

$$f(z_0) = 0, \text{且} f'(z_0) > 0.$$

且满足这样条件的共形映射是唯一的.

上述定理称为**黎曼映射定理**, 这是单复变函数论中最重要的定理.

注 7.1 $f'(z_0) > 0$ 即 $f'(z_0)$ 为正实数, $\arg f'(z_0) = 0$.

注 7.2 黎曼映射定理表明单连通区域在共形映射下的像区域也是单连通的.

注 7.3 扩充复平面 $\bar{C}$ 不会与单位圆 Δ 共形等价. 因为 $\bar{C}$ 与黎曼球 S 拓扑等价, S 为紧致集, 而 Δ 非紧致集, 故不存在 $\bar{C}$ 与 Δ 的同胚映射, 当然不存在共形映射.

复平面 C 也不会与单位圆 Δ 共形等价. 事实上, 由刘维尔定理, 若存在共形映射 $f{:}C \to \Delta$, 从而 $|f(z)| < 1$, $f(z)$ 解析且有界, 则 $f(z)$ 为常数. 矛盾.

定理 7.11 单位圆 Δ 到单位圆 Δ 的共形映射 $f{:}\Delta \to \Delta$ 一定是下列形式的分式线性映射:

$$f(z) = e^{i\theta} \frac{z - z_0}{1 - \bar{z}_0 z}, \quad z_0 \in \Delta, \quad \theta \in R.$$

证明 利用黎曼映射定理来证明.

根据黎曼映射定理, 一定存在共形映射 $f: \Delta \to \Delta$, 使得 $f(z_0) = 0$, $\theta_1 = \arg f'(z_0)$, 则 $F(z) = e^{-i\theta_1} f(z){:}\Delta \to \Delta$ 也为共形映射, 且使得 $F(z_0) = 0$, $F'(z_0) > 0$.

另一方面, 令

$$L(z) = e^{-i\theta_2} \frac{z - z_0}{1 - \bar{z}_0 z},$$

其中 θ_2 为 $w=\dfrac{z-z_0}{1-\bar{z}_0 z}$ 在 z_0 点的导数的辐角, 则

$$w=L(z):\Delta\to\Delta\text{为共形映射, 且}L(z_0)=0, L'(z_0)>0.$$

由黎曼映射定理中共形映射的唯一性, $F(z)=L(z)$. 所以,

$$f(z)=e^{i(\theta_1-\theta_2)}\frac{z-z_0}{1-\bar{z}_0 z}.$$

证毕.

7.2 共形映射的例子

例 7.1 求从上半平面 $\mathrm{Im}z>0$ 到单位圆 $|w|<1$ 的分式线性映射, 将点 α 映射为 0, 其中 $\mathrm{Im}\alpha>0$.

解 **方法一** 设 $w=L(z)=\dfrac{az+b}{cz+d}$ 把实轴映射为 $|w|=1$. 设 $\mathrm{Im}\alpha>0$, 若 $L(\alpha)=0$, 则 $L(\bar{\alpha})=\infty$. 故 $a\alpha+b=0$, $c\bar{\alpha}+d=0$, 从而

$$L(z)=\frac{a}{c}\frac{z-\alpha}{z-\bar{\alpha}},$$

当 $z=0$ 时其像点位于单位圆 $|w|=1$ 上, 故 $\left|\dfrac{a}{c}\right|=1$, 设 $\dfrac{a}{c}=e^{i\theta}$, $\theta\in R$. 所以,

$$w=L(z)=e^{i\theta}\frac{z-\alpha}{z-\bar{\alpha}},\quad \theta\in R.$$

方法二 因为分式线性映射 $w=L(z)$ 把实轴映射为 $|w|=1$, 将关于实轴的一对对称点 $\alpha,\bar{\alpha}$ 映射为关于圆周 $|w|=1$ 的一对对称点 $0,\infty$, 故可以设

$$w=L(z)=k\frac{z-\alpha}{z-\bar{\alpha}}.$$

因为 $z=0$ 的像点落在圆周 $|w|=1$ 上, 代入上式, 得到 $|k|=1$, 令 $k=e^{i\theta}$, $\theta\in R$, 则所求分式线性映射为

$$w=L(z)=e^{i\theta}\frac{z-\alpha}{z-\bar{\alpha}},\quad \theta\in R.$$

例 7.2 求从单位圆 $|z|<1$ 到单位圆 $|w|<1$ 的分式线性映射, 将点 α 映射为 0, 其中 $|\alpha|<1$.

解 分式线性映射 $w=L(z)$ 将点 α 变为 0, 则将 α 关于圆周 $|z|=1$ 的对称点 $\dfrac{1}{\bar{\alpha}}$ 映射为 0 关于圆周的对称点 ∞, 故可以设分式线性变换为

$$w=L(z)=k\frac{z-\alpha}{z-\frac{1}{\bar{\alpha}}}=k'\frac{z-\alpha}{1-\bar{\alpha}z}.$$

因为 $z=1$ 的像点落在圆周 $|w|=1$ 上, 代入上式, 得到 $|k'|=1$, 令 $k'=e^{i\theta}$, $\theta\in R$, 则所求分式线性变换为:

$$w=L(z)=e^{i\theta}\frac{z-\alpha}{1-\bar{\alpha}z},\theta\in R.$$

例 7.3 求从上半平面 $\mathrm{Im}z>0$ 到上半平面 $\mathrm{Im}w>0$ 的分式线性映射.

解 分式线性映射 $w=L(z)=\dfrac{az+b}{cz+d}$ 将实轴 x 轴映射为实轴 u 轴, 将 x 轴上取三个不同点与实轴 u 轴上对应点代入, 得到 a, b, c, d 都为实数. 则

$$\bar{w}=\frac{a\bar{z}+b}{c\bar{z}+d},$$

$$w-\bar{w}=\frac{(ad-bc)(z-\bar{z})}{|cz+d|^2},$$

即

$$\mathrm{Im}w=\frac{ad-bc}{|cz+d|^2}\mathrm{Im}z.$$

例 7.4 求从单位圆 $|z|<1$ 到单位圆 $|w|<1$ 的共形映射 $w=f(z)$, 使得 $z_0\in\Delta$ 为 f 的不动点.

解 取分式线性映射 $z_1=L_1(z)$ 将 z 平面上单位圆 $|z|<1$ 映射为 z_1 平面上单位圆 $|z_1|<1$, 且将 z_0 变为 0, 即 $L_1(z_0)=0$. 取分式线性映射 $w=L_2(z_1)$ 将 z_1 平面上单位圆 $|z_1|<1$ 映射为 w 平面上单位圆 $|w|<1$, 且将 0 变为 z_0, 即 $L_2(0)=z_0$.

将

$$z_1=L_1(z)=e^{i\theta_1}\frac{z-z_0}{1-\bar{z}_0z}$$

代入

$$w=L_2(z_1)=\frac{z_1e^{i\theta_2}+z_0}{1+z_1e^{i\theta_2}\bar{z}_0},$$

并令 $\theta_1+\theta_2=\theta$, 得到

$$w=f(z)=\frac{\left(e^{i\theta}-|z_0|^2\right)z+\left(1-e^{i\theta}\right)z_0}{\left(1-|z_0|^2e^{i\theta}\right)+\left(e^{i\theta}-1\right)\bar{z}_0z},$$

显然, $f(z_0)=z_0$. 特别地, 当 $\theta=0$ 时, $w=f(z)=z$.

7.3 Schwarz-Pick 引理

下述定理去除了 Schwarz 引理中的条件 $f(0)=0$, 从而得到了其改进形式, 称为 **Schwarz-Pick 引理**.

定理 7.12　若 $f(z)$ 在 $|z|<1$ 内解析, 且 $|f(z)|\leqslant 1$, 则对于 $|z|<1$ 内任意两点 z,ζ, 有

$$\left|\frac{f(\zeta)-f(z)}{1-\overline{f(z)}f(\zeta)}\right|\leqslant\left|\frac{\zeta-z}{1-\bar{z}\zeta}\right|,$$

且

$$|f'(z)|\leqslant\frac{1-|f(z)|^2}{1-|z|^2},\quad |z|<1.$$

上述不等式中有一个等号成立的充分且必要条件 $f(z)=e^{i\theta}\dfrac{z+a}{1+\bar{a}z}$, $\theta\in R$, $|a|<1$.

证明　固定 z, $|z|<1$, 令

$$w=g(\zeta)=\frac{f\left(\frac{\zeta+z}{1+\bar{z}\zeta}\right)-f(z)}{1-\overline{f(z)}f\left(\frac{\zeta+z}{1+\bar{z}\zeta}\right)}=c_1\zeta+\cdots,$$

$$c_1=g'(0)=\lim_{\zeta\to 0}\frac{g(\zeta)-g(0)}{\zeta-0}=\frac{\left(1-|z|^2\right)f'(z)}{1-|f(z)|^2},$$

上面最后一个等式使用了罗比达法则. 则 $g(\zeta)$ 满足 Schwarz 引理的条件, 由 Schwarz 引理的结论即得定理 7.12 的结论. 证毕.

定理 7.12 可以改写成如下形式.

定理 7.13　设 $\Delta=\{|z|<1\}$, $f{:}\Delta\to\Delta$ 解析, $a,b\in\Delta$, $a\neq b$, $f(a)=\alpha$, $f(b)=\beta$, 则

(1) $\left|\dfrac{\beta-\alpha}{1-\bar{\alpha}\beta}\right|\leqslant\left|\dfrac{b-a}{1-\bar{a}b}\right|$,

(2) $|f'(a)|\leqslant\dfrac{1-|\alpha|^2}{1-|a|^2}$,

(3) 若 $\left|\dfrac{\beta-\alpha}{1-\bar{\alpha}\beta}\right|=\left|\dfrac{b-a}{1-\bar{a}b}\right|$, 则 f 为 Δ 上的共形自映射,

(4) 若 $|f'(a)|=\dfrac{1-|\alpha|^2}{1-|a|^2}$, 则 f 为 Δ 上的共形自映射.

7.4　边界上的 Schwarz 引理

定理 7.14　设 $\Delta=\{|z|<1\}$, $f{:}\Delta\to\Delta$ 解析, 则

$$|f(z)|\leqslant\frac{|f(0)|+|z|}{1+|f(0)|\,|z|},\quad z\in\Delta.$$

证明　对于任意的 $a,b\in\Delta$,

$$\left|\frac{b-a}{1-\bar{a}b}\right|^2=1-\frac{\left(1-|a|^2\right)\left(1-|b|^2\right)}{|1-\bar{a}b|^2}$$

$$\geqslant 1 - \frac{\left(1-|a|^2\right)\left(1-|b|^2\right)}{\left(1-|a|\,|b|\right)^2}$$
$$= \frac{\left(|a|-|b|\right)^2}{\left(1-|a|\,|b|\right)^2},$$

由此可得, 对于 $z \in \Delta$, 有

$$\frac{|f(z)|-|f(0)|}{1-|f(0)|\,|f(z)|} \leqslant \frac{|f(z)-f(0)|}{\left|1-\overline{f(0)}f(z)\right|},$$

由 Schwarz-Pick 引理,

$$\frac{|f(z)-f(0)|}{\left|1-\overline{f(0)}f(z)\right|} \leqslant \frac{|z-0|}{|1-\bar{0}z|} = |z|,$$

从而,

$$|f(z)|-|f(0)| \leqslant |z|-|z|\,|f(0)|\,|f(z)|,$$

即

$$|f(z)| \leqslant \frac{|f(0)|+|z|}{1+|f(0)|\,|z|}.$$

证毕.

定理 7.15 设 $\Delta = \{|z|<1\}$, $f{:}\Delta \to \Delta$ 解析, $f(0)=0$, 则

$$|f(z)| \leqslant |z|\frac{|z|+|f'(0)|}{1+|f'(0)|\,|z|}. \tag{$**$}$$

证明 令 $g(z)=\dfrac{f(z)}{z}$, 由 Schwarz 引理知当 $z\in\Delta$ 时 $|g(z)|<1$, 或者 f 为一个旋转 $e^{i\theta}z$. 当 f 为旋转时有 $|f'(0)|=1$, 此时 $(**)$ 式成立. 以下仅考虑 $|g(z)|<1$ 情形.

因为 $(**)$ 式不受旋转的影响, 故不妨假设 $g(0)=f'(0)=a$, 其中, $0<a<1$, 此时 $(**)$ 式等价于

$$|g(z)| \leqslant \frac{|z|+a}{1+a|z|}, \tag{$***$}$$

上式即定理 7.14. 特别地, g 将以 0 为中心, 以 r 为半径的圆 $\Delta(0,r)$ 映入为该圆在分式线性映射 $\varphi_{-a}(\zeta)=\dfrac{\zeta+a}{1+a\zeta}$ 下的像, 此像为一个欧氏圆, 实轴上区间 $\left[\dfrac{a-r}{1-ar},\dfrac{a+r}{1+ar}\right]$ 为其直径.

由 $|z|=r$ 知

$$|g(z)| \leqslant \frac{a+r}{1+ar} = \frac{|z|+a}{1+a|z|},$$

所以 $(***)$ 式得证, 从而 $(**)$ 式得证. 证毕.

下述即为边界上的 Schwarz 引理的一种形式, Osserman 惊人的工作之一是直接将内点 Schwarz 引理与边界 Schwarz 引理联系起来.

定理 7.16　设 $\Delta=\{|z|<1\}$, $f{:}\Delta\to\Delta$ 解析, $f(0)=0$, 若对于某点 $b\in\partial\Delta$, f 可以连续开拓到 b 点, $|f(b)|=1$, $f'(b)$ 存在, 则

$$|f'(b)|\geqslant\frac{2}{1+|f'(0)|}.$$

证明　由定理 7.15, 若 $b,c\in\partial\Delta$, $f(b)=c$, 则

$$\left|\frac{f(z)-c}{|z|-|b|}\right|\geqslant\frac{1-|f(z)|}{1-|z|}\geqslant\frac{1+|z|}{1+|f'(0)||z|}.$$

令 $|z|\to1$, 有

$$\frac{1+|z|}{1+|f'(0)||z|}\to\frac{2}{1+|f'(0)|}.$$

这证明了

$$\lim_{z_j\to b}\left|\frac{f(z_j)-c}{|z_j|-|b|}\right|\geqslant\lim_{z_j\to b}\frac{1-|f(z_j)|}{1-|z_j|}\geqslant\frac{2}{1+|f'(0)|},$$

取 $z_j=\left(1-\dfrac{1}{j}\right)b$, 即得

$$|f'(b)|\geqslant\frac{2}{1+|f'(0)|}.$$

证毕.

下述为 Osserman 的边界上的 Schwarz 引理的更一般形式.

定理 7.17　设 $\Delta=\{|z|<1\}$, $f{:}\Delta\to\Delta$ 解析, 若对于某点 $b\in\partial\Delta$, f 可以连续开拓到 b 点, $|f(b)|=1$, $f'(b)$ 存在, 则

$$|f'(b)|\geqslant\frac{2}{1+|F'(0)|}\cdot\frac{1-|f(0)|}{1+|f(0)|},$$

其中, $F(z)=\dfrac{f(z)-f(0)}{1-\overline{f(0)}f(z)}$.

证明　函数 $F(z)$ 满足定理 7.15 的条件, 则

$$|F'(b)|\geqslant\frac{2}{1+|F'(0)|}.$$

易于计算,

$$F'(z)=f'(z)\frac{1-|f(0)|^2}{\left(1-\overline{f(0)}f(z)\right)^2}.$$

由三角不等式并注意到 $|f(b)|=1$, 得到

$$\left|1-\overline{f(0)}f(b)\right|\geqslant1-\left|\overline{f(0)}\right||f(b)|=1-|f(0)|,$$

利用上式估计前一个式子, 得到

$$|F'(b)| = |f'(b)| \frac{1-|f(0)|^2}{\left|1-\overline{f(0)}f(z)\right|^2} \leqslant |f'(b)| \frac{1+|f(0)|}{1-|f(0)|},$$

所以,

$$|f'(b)| \frac{1+|f(0)|}{1-|f(0)|} \geqslant |F'(b)| \geqslant \frac{2}{1+|F'(0)|},$$

即得定理结论. 证毕.

推论 7.1 在定理 7.16 的条件下, 有 $|f'(b)| \geqslant 1$ 且 $|f'(b)| > 1$, 否则 f 为一个旋转.

证明 由定理 7.16 和经典的 Schwarz 引理即得. 证毕.

习 题 7

1. 写出保交比性定理的详细证明过程.

2. 写出定理 7.6(圆的方程表示) 的详细证明过程.

3. 试用 Schwarz 引理证明黎曼映射定理中的唯一性.

4. 直接用 Schwarz 引理证明定理 7.11.

5. 试用鲁歇定理证明解析函数的开映射特征定理 (定理 7.1).

6. 利用黎曼映射定理 (即定理 7.10) 证明它的等价定理:

设 D 为边界多于一点的单连通区域, $z_0 \in D$, 则存在一个从 D 到上半平面 $H = \{\mathrm{Im}z > 0\}$ 的共形映射 $f{:}D \to H$, 使得

$$f(z_0) = 0, \text{且} f'(z_0) > 0,$$

且满足这样条件的共形映射是唯一的.

7. 求一个分式线性映射 $w = L(z)$ 将 $-1, i, 1$ 分别对应于 $-1, 0, 1$ 并确定单位圆 Δ 的像 $L(\Delta)$.

8. 求一个分式线性映射 $w = L(z)$ 把以 $0, 1, i$ 为顶点的三角形变为以 $0, 2, 1-i$ 为顶点的三角形, 并保证顶点依次对应.

9. 求一个分式线性映射 $w = L(z)$ 把上半平面映射为上半平面, 把 $0, i$ 依次变为 $0, 1+i$.

10. 设

$$w = L(z) = e^{i\theta} \frac{z-\alpha}{z-\bar{\alpha}}, \theta \in R$$

证明: $w = L(z)$ 将上半平面映射为单位圆.

11. 求一个分式线性映射 $w = L(z)$ 把单位圆映射为单位圆, 把 $0, i/2$ 依次变为 $0, i$.

12. 求一个共形映射将区域 $D = \{z = x + iy : x > 0, y > 0\}$ 映射为单位圆.

13. 求一个共形映射将区域 $\Omega = \{z = x + iy : x \in R, 0 < y < \pi\}$ 映射为单位圆.

第8章　Blaschke 乘积

无穷乘积与无穷级数一样, 在复分析的各个研究分支中起着十分重要的作用. 在复平面单位圆上, 无穷乘积的一般项取为分式线性变换时就是无穷 Blaschke 乘积了. 无论是在全纯函数空间及其算子理论, Teichmüller 空间, 还是在复解析动力系统等现代复分析的研究中, 无穷 Blaschke 乘积都是强有力的研究工具. 关于实分析中的无穷乘积, 可以参看李忠先生的《数学分析教程》.

8.1　无 穷 乘 积

定义 8.1　设有复数序列 u_n, $(n=1,2,\cdots)$, 若当 $n\to+\infty$ 时, 部分乘积序列

$$p_n=\prod_{k=1}^{n}(1+u_k)\to p\neq 0,$$

其中 p 为有穷非零复数, 则称无穷乘积 $\prod\limits_{k=1}^{+\infty}(1+u_k)$ 收敛到 p, 记为 $p=\prod\limits_{k=1}^{+\infty}(1+u_k)$.

若当 $n\to+\infty$ 时, p_n 不趋于有穷复数或 $p=0$, 则称无穷乘积 $\prod\limits_{k=1}^{+\infty}(1+u_k)$ 发散.

注 8.1　若无穷乘积 $\prod\limits_{k=1}^{+\infty}(1+u_k)$ 收敛, 则当 $n\to+\infty$ 时, $u_n\to 0$.

证明　因为当 $n\to+\infty$ 时, $p_n\to p$, $p_{n-1}\to p$,

所以, $1+u_n=\dfrac{p_n}{p_{n-1}}\to 1$, 从而, $u_n\to 0$. 证毕.

定理 8.1　*无穷级数 $\sum\limits_{n=1}^{+\infty}|u_n|$ 与无穷乘积 $\prod\limits_{n=1}^{+\infty}(1+|u_n|)$ 同时收敛或同时发散.*

证明　当 $x\geqslant 0$ 时, $1+x\leqslant e^x$, 所以有以下不等式

$$\begin{aligned}|u_1|+|u_2|+\cdots+|u_n|&\leqslant(1+|u_1|)(1+|u_2|)\cdots(1+|u_n|)\\&\leqslant e^{|u_1|}e^{|u_2|}\cdots e^{|u_n|}=e^{|u_1|+|u_2|+\cdots+|u_n|},\end{aligned}$$

根据正项级数收敛当且仅当部分和序列有上界, 正项的无穷乘积收敛当且仅当部分乘积序列有上界, 以及单调有界性定理, 定理结论成立. 证毕.

定义 8.2　若无穷级数 $\sum\limits_{n=1}^{+\infty}|u_n|$ 收敛, 则称无穷乘积 $\prod\limits_{k=1}^{+\infty}(1+u_k)$ 绝对收敛.

定理 8.2　*绝对收敛的无穷乘积的性质:*

(1) 绝对收敛的无穷乘积一定收敛;

(2) 绝对收敛的无穷乘积可以任意改变因子的顺序而不改变无穷乘积的绝对收敛性和无穷乘积的值.

证明 (1) 已知 $\prod\limits_{k=1}^{+\infty}(1+u_k)$ 绝对收敛, 即 $\sum\limits_{n=1}^{+\infty}|u_n|$ 收敛. 设 $p_n=\prod\limits_{k=1}^{n}(1+u_k)$, $q_n=\prod\limits_{k=1}^{n}(1+|u_k|)$, 则

$$\begin{aligned}|p_n-p_{n-1}|&=|(1+u_1)(1+u_2)\cdots(1+u_{n-1})u_n|\\&\leqslant(1+|u_1|)(1+|u_2|)\cdots(1+|u_{n-1}|)|u_n|\\&=q_n-q_{n-1},\end{aligned}$$

由 $\sum\limits_{n=1}^{+\infty}|u_n|$ 收敛及定理 8.1 知 $\prod\limits_{n=1}^{+\infty}(1+|u_n|)$ 收敛, 即 q_n 收敛, 从而下述级数

$$q_1+(q_2-q_1)+\cdots+(q_n-q_{n-1})+\cdots$$

收敛. 根据上面的不等式和比较原理得到, 级数 $\sum\limits_{n=2}^{+\infty}(p_n-p_{n-1})$ 绝对收敛, 所以极限 $\lim\limits_{n\to\infty}p_n=p$ 存在. 下证 $p\neq0$.

再由 $\prod\limits_{n=1}^{+\infty}(1+|u_n|)$ 收敛和注 8.1 知 $|1+u_n|\to1$, $n\to\infty$. 因为正项级数 $\sum\limits_{n=1}^{+\infty}|u_n|$ 收敛, 所以正项级数 $\sum\limits_{n=1}^{+\infty}\dfrac{|u_n|}{|1+u_n|}$ 也收敛. 由定理 8.1, 无穷乘积

$$\prod_{n=1}^{+\infty}\left(1+\left|\frac{u_n}{1+u_n}\right|\right)$$

收敛, 从而其部分乘积序列

$$Q_n=\prod_{k=1}^{n}\left(1+\left|\frac{u_k}{1+u_k}\right|\right)$$

存在有穷的极限, 从而 Q_n 有界, 不妨设 $1\leqslant Q_n\leqslant M(n=1,2,\cdots)$. 因为

$$\left|1-\frac{u_n}{1+u_n}\right|\leqslant1+\left|\frac{u_n}{1+u_n}\right|,$$

所以,

$$\prod_{k=1}^{n}\left|1-\frac{u_k}{1+u_k}\right|=\frac{1}{\prod\limits_{k=1}^{n}|1+u_k|}=\frac{1}{|p_n|}\leqslant M\quad n=1,2,\cdots.$$

从而当 $n\to+\infty$ 时, $\dfrac{1}{|p_n|}$ 存在有穷的极限 $\dfrac{1}{|p|}$, 故 $p\neq0$. 所以 $\prod\limits_{k=1}^{+\infty}(1+u_k)$ 收敛.

(2) 因为正项级数可以任意改变求和项的顺序而不改变正项级数的收敛性, 以及定理 8.1, 所以绝对收敛的无穷乘积可以任意改变乘积的因子的顺序而不改变无穷乘积的绝对收敛性. 至于不改变无穷乘积的值, 可以参看实的无穷乘积的相应证明, 这里略去具体的证明. 证毕.

定理 8.3 设 $u_n(z)\,(n=1,2,\cdots)$ 为区域 D 上的解析函数列, 且在 D 上, $u_n(z)\neq -1$, $(n=1,2,\cdots)$. 若

(1) $|u_n(z)|\leqslant a_n\ (n=1,2,\cdots),\ z\in D$,

(2) $\sum\limits_{n=1}^{+\infty} a_n$ 收敛,

则无穷乘积 $\prod\limits_{n=1}^{+\infty}(1+u_n(z))$ 在区域 D 内绝对收敛且一致收敛到 D 内的解析函数 $f(z)$.

证明 因为级数 $\sum\limits_{n=1}^{+\infty} a_n$ 收敛, 由柯西一致收敛准则知, 级数 $\sum\limits_{n=1}^{+\infty}|u_n(z)|$ 在 D 内绝对收敛且一致收敛. 由定理 8.1 知无穷乘积 $\prod\limits_{n=1}^{+\infty}(1+u_n(z))$ 在 D 内绝对收敛.

设 $f_n(z)=\prod\limits_{k=1}^{n}(1+u_k(z))$, $p_n=\prod\limits_{k=1}^{n}(1+a_k)$, 则当 $n\to+\infty$ 时, 有

$$f_n(z)\to f(z)\neq 0, z\in D, p_n\to p\neq 0.$$

显然,

$$|f_n(z)|\leqslant\prod_{k=1}^{n}(1+|u_k(z)|)\leqslant p_n, z\in D.$$

下面证明 $f_n(z)$ 的一致收敛性. 对于 $k\geqslant 1$, $z\in D$, 有

$$\begin{aligned}\left|\frac{f_{n+k}(z)}{f_n(z)}-1\right| &= |(1+u_{n+1}(z))(1+u_{n+2}(z))\cdots(1+u_{n+k}(z))-1|\\ &\leqslant (1+a_{n+1})(1+a_{n+2})\cdots(1+a_{n+k})-1\\ &=\frac{p_{n+k}}{p_n}-1,\end{aligned}$$

其中 $f_n(z)\neq 0$, $z\in D$, $p_n\geqslant 1$, $(n=1,2,\cdots)$. 在上面不等式中令 $k\to\infty$, 从而 $f_{n+k}(z)\to f(z)$, $p_{n+k}\to p$, 所以有不等式

$$\left|\frac{f(z)}{f_n(z)}-1\right|\leqslant\frac{p}{p_n}-1, z\in D, (n=1,2,\cdots).$$

所以, 当 $n\to+\infty$ 时, 对于 $z\in D$, 有

$$\begin{aligned}|f_n(z)-f(z)| &= |f_n(z)|\left|\frac{f(z)}{f_n(z)}-1\right|\\ &\leqslant p_n\left(\frac{p}{p_n}-1\right)=p-p_n\to 0.\end{aligned}$$

所以, 当 $n\to+\infty$ 时, $f_n(z)$ 在 D 上一致收敛到 $f(z)$. 由 Weierstrass 收敛定理, $f(z)$ 在 D 上解析. 证毕.

8.2 Blaschke 乘积

定义 8.3 设 $0 < |z_n| < 1$ $(n = 1, 2, \cdots)$, $\sum_{n=1}^{+\infty}(1-|z_n|) < +\infty$, $\theta \in R$, m 为非负整数, 则称

$$B(z) = e^{i\theta} z^m \prod_{n=1}^{+\infty} \frac{|z_n|}{z_n} \frac{z_n - z}{1 - \bar{z}_n z}$$

为无穷 Blaschke 乘积或无限 Blaschke 乘积, 其中 z_n 称为 $B(z)$ 的零点. 若 $B(0) > 0$, 则称 $B(z)$ 为正规化的无穷 Blaschke 乘积.

无穷 Blaschke 乘积的形式有时也采用:

$$z^m \prod_{n=1}^{+\infty} \frac{-\bar{z}_n}{|z_n|} \frac{z - z_n}{1 - \bar{z}_n z}.$$

定理 8.4 设 $0 < |z_n| < 1$ $(n = 1, 2, \cdots)$, 则无穷 Blaschke 乘积 $\prod_{n=1}^{+\infty} \frac{|z_n|}{z_n} \frac{z_n - z}{1 - \bar{z}_n z}$ 在单位圆 Δ 内绝对收敛且内闭一致收敛当且仅当无穷级数 $\sum_{n=1}^{+\infty}(1-|z_n|) < +\infty$.

证明 先对无穷 Blaschke 乘积的一般项进行恒等变形:

$$\begin{aligned}
\frac{|z_n|}{z_n} \frac{z_n - z}{1 - \bar{z}_n z} &= |z_n| \frac{1 - \dfrac{z}{z_n}}{1 - \bar{z}_n z} \\
&= |z_n| + \frac{\left(\bar{z}_n - \dfrac{1}{z_n}\right)|z_n| z}{1 - \bar{z}_n z} \\
&= |z_n| + \frac{|z_n|^2 - 1}{1 - \bar{z}_n z} \cdot \frac{|z_n| z}{z_n} \\
&= 1 + (|z_n| - 1)\left\{1 + \frac{|z_n| + 1}{1 - \bar{z}_n z} \cdot \frac{|z_n| z}{z_n}\right\},
\end{aligned}$$

所以, 根据定理 8.1, 若无穷 Blaschke 乘积 $\prod_{n=1}^{+\infty} \frac{|z_n|}{z_n} \frac{z_n - z}{1 - \bar{z}_n z}$ 在 $z = 0$ 处绝对收敛, 则级数 $\sum_{n=1}^{+\infty}(1-|z_n|) < +\infty$ 收敛.

若级数 $\sum_{n=1}^{+\infty}(1-|z_n|) < +\infty$, 则当 $|z| \leqslant r < 1$ 时

$$\begin{aligned}
\left|1 - \frac{|z_n|}{z_n} \frac{z_n - z}{1 - \bar{z}_n z}\right| &= \left|1 + \frac{\bar{z}_n}{|z_n|} \frac{z - z_n}{1 - \bar{z}_n z}\right| \\
&= \frac{|z_n + z|z_n||}{|z_n||1 - \bar{z}_n z|}(1 - |z_n|)
\end{aligned}$$

$$\leqslant \frac{1+|z|}{1-|z|}(1-|z_n|)$$

$$\leqslant \frac{1+r}{1-r}(1-|z_n|),$$

所以根据定理 8.3, 无穷 Blaschke 乘积 $\prod_{n=1}^{+\infty}\frac{|z_n|}{z_n}\frac{z_n-z}{1-\bar{z}_n z}$ 在 $|z|\leqslant r<1$ 内绝对收敛且一致收敛. 由 $r\in(0,\ 1)$ 任意性, 无穷 Blaschke 乘积 $\prod_{n=1}^{+\infty}\frac{|z_n|}{z_n}\frac{z_n-z}{1-\bar{z}_n z}$ 在 Δ 内绝对收敛且内闭一致收敛. 证毕.

定理 8.5　设 $0<|z_n|<1$, $(n=1,\ 2,\ \cdots)$, **则无穷乘积** $\prod_{n=1}^{+\infty}|z_n|$ **收敛当且仅当无穷级数** $\sum_{n=1}^{+\infty}(1-|z_n|)<+\infty$.

证明　若无穷乘积 $\prod_{n=1}^{+\infty}|z_n|$ 收敛, 则可设单调递减序列 $p_n=\prod_{k=1}^{n}|z_k|$ 收敛到 $p>0$, $n\to\infty$ 时. 显然 $p_n\geqslant p>0$ $(n=1,\ 2,\ \cdots)$.

利用下述不等式:

$$1-x<\log\frac{1}{x},\ 其中\quad 0<x<1.$$

令 $x=|z_n|$, 得到

$$1-|z_n|<\log\frac{1}{|z_n|},\quad n=1,\ 2,\ \cdots.$$

所以,

$$\sum_{k=1}^{n}(1-|z_k|)<\sum_{k=1}^{n}\log\frac{1}{|z_k|}=\log\frac{1}{\prod_{k=1}^{n}|z_k|}$$

$$\leqslant\log\frac{1}{p},$$

即有 $\sum_{n=1}^{+\infty}(1-|z_n|)<+\infty$.

若 $\sum_{n=1}^{+\infty}(1-|z_n|)<+\infty$, 则在定理 8.3 中, 令

$$a_n=1-|z_n|,\quad u_n(z)=-a_n,$$

从而因为 $\sum_{n=1}^{+\infty}a_n$ 收敛, 所以无穷乘积

$$\prod_{n=1}^{+\infty}(1+u_n(z))=\prod_{n=1}^{+\infty}(1-a_n)=\prod_{n=1}^{+\infty}|z_n|$$

收敛. 证毕.

习 题 8

1. 设函数列 $E_n(z)$ 在单位圆 Δ 内解析, $(n=1,2,\cdots)$, 且满足

$$|E_n(z)-1|\leqslant A|z|^n, z\in\Delta, \text{其中常数}A>0.$$

证明: 无穷乘积 $\prod\limits_{n=1}^{+\infty}E_n(z)$ 在 Δ 上内闭一致收敛到 $f\in H(\Delta)$.

2. 设函数列 $E_n(z)$ 在单位圆 Δ 内解析, 且满足

$$|E_n(z)-1|\leqslant \frac{A}{n^{\frac{1}{|z|}}}, 0<|z|<1, \text{其中常数}A>0,$$

$$\text{又}\,|E_n(0)-1|\leqslant a_n, \sum_{n=1}^{\infty}a_n\text{收敛}, (n=1,2,\cdots).$$

证明: 无穷乘积 $\prod\limits_{n=1}^{+\infty}E_n(z)$ 在 Δ 上内闭一致收敛到 $f\in H(\Delta)$.

3. 设数列 $a_n\in C$, $a_n\neq 0$, $(n=1,2,\cdots)$, $a_n\to\infty$, $(n\to\infty)$, $E_n(z)$ 在复平面上解析, 在单位圆 Δ 上满足定理 8.3 条件, 证明: 无穷乘积 $\prod\limits_{n=1}^{+\infty}E_n\left(\dfrac{z}{a_n}\right)$ 在复平面上内闭一致收敛到 $f\in H(C)$.

4. 设 $E_n(z)=(1-z)e^{z+\frac{z^2}{2}+\cdots+\frac{z^n}{n}}$, $(n=1,2,\cdots)$, 证明: 无穷乘积 $\prod\limits_{n=1}^{+\infty}E_n(z)$ 在 Δ 上内闭一致收敛到 $f\in H(\Delta)$.

5. 设当 $z\in\Delta$ 时,

$$E_n(z)=\sqrt{\frac{1-z}{1+z}}\,e^{z+\frac{z^3}{3}+\cdots+\frac{z^{2n+1}}{2n+1}}, (n=1,2,\cdots),$$

证明: (1) $|E_n(z)-1|=O\left(|z|^{2n+3}\right), z\in\Delta$.

(2) 无穷乘积 $\prod\limits_{n=1}^{+\infty}E_n(z)$ 在 Δ 上内闭一致收敛到 $f\in H(\Delta)$.

(3) 又设数列 $a_n\in C, a_n\neq 0, (n=1,2,\cdots), a_n\to\infty$, $(n\to\infty)$, 则有无穷乘积 $\prod\limits_{n=1}^{+\infty}E_n\left(\dfrac{z}{a_n}\right)$ 在复平面上内闭一致收敛到 $f\in H(C)$.

第 9 章　全纯函数空间

在阐述本章的主题之前, 先要介绍一点有关泛函分析中 Banach 空间和 Hilbert 空间及其再生核的基本概念.

定义 9.1　设 X 为复数域 C 上的线性空间, 若对于任意向量 $x \in X$, 有一个非负实数 $\|x\|$ 与之对应, 且满足:

(1) 对于任意向量 $x \in X$, 有 $\|x\| \geqslant 0$, 且 $\|x\| = 0$ 当且仅当 $x = 0$.

(2) 对于任意向量 $x \in X$ 和任意复数 $\alpha \in C$, 有 $\|\alpha x\| = |\alpha| \cdot \|x\|$.

(3) 对于任意向量 $x, y \in X$, 满足三角不等式 $\|x + y\| \leqslant \|x\| + \|y\|$. 则称 $\|x\|$ 为向量 x 的范数, 带有该范数的空间 X 称为复数域上赋范线性空间. 完备的赋范线性空间, 称为 Banach 空间.

定义 9.2　设 H 为复数域 C 上的线性空间, 若对于每一对有序向量 $x, y \in H$, 都有一个复数, 记为 (x, y), 与之对应, 且满足:

(1) 对于任意向量 $x \in H$, 有 $(x, x) \geqslant 0$, 且 $(x, x) = 0$ 当且仅当 $x = 0$,

(2) 对于任意向量 $x, y \in H$, 有 $(x, y) = \overline{(y, x)}$,

(3) 对于任意向量 $x, y, z \in H$ 和任意复数 $\alpha, \beta \in C$, 有

$$(\alpha x + \beta y, z) = \alpha\,(x, z) + \beta\,(y, z)\,,$$

则称 (x, y) 为有序向量 x, y 的内积, 带有这种内积结构的线性空间 H 称为复数域上的内积空间. 显然, $\|x\| = \sqrt{(x, x)}$ 为内积空间 H 的范数. 完备的内积空间称为 Hilbert 空间.

定义 9.3　设 H 为由定义在区域 $G \subset C$ 上的函数构成的 Hilbert 空间, 对于 $x, y \in G$, 函数 $K\,(x, y)$ 称为 Hilbert 空间 H 的再生核, 若满足: (1) 对于任意确定的 $y \in G$, $K\,(x, y)$ 作为 x 的函数, 有 $K \in H$, (2) 再生核性质 (the reproducing property): 对于任意确定的 $y \in G$ 和任意的函数 $f \in H$, 有

$$f\,(y) = (f\,(x)\,,\ K\,(x, y))\,.$$

可以证明: (1)Hilbert 空间 H 的再生核 K 若存在, 则唯一.(2) 由区域 G 上的函数构成的 Hilbert 空间 H 具有再生核 $K\,(x, y)$ 的充分且必要条件是对于每个固定的 $y \in G$, 对于任意的 $f \in H$, 映射

$$T : f \rightarrow f\,(y)$$

为 H 上有界线性泛函.(思考题)

设复平面上单位圆为 $\Delta=\{z:|z|<1\}$, Δ 上所有解析函数按照加法和数乘运算构成了复数域上的线性空间, 记为 $H(\Delta)$, 称为全纯函数空间或者又称为解析函数空间. 出于入门的出发点考虑, 本章仅介绍复平面单位圆 $\Delta=\{z:|z|<1\}$ 上的两种重要的全纯函数空间的基本内容, 主要是作为 Banach 空间的 Bloch 空间和作为 Hilbert 空间的 Dirichlet 空间的内容.

9.1 Bloch 空间

定义 9.4 复数域上的线性空间:

$$B=\left\{f\in H(\Delta):\|f\|_\beta=\sup_{z\in\Delta}\left(1-|z|^2\right)|f'(z)|<+\infty\right\}$$

称为 Bloch 空间 B, 其中,

$$\|f\|_\beta=\sup_{z\in\Delta}\left(1-|z|^2\right)|f'(z)|$$

为 Bloch 空间的半范数, 在范数 $\|f\|_B=|f(0)|+\|f\|_\beta$ 之下, Bloch 空间成为 Banach 空间.

定义 9.4 中的 $\dfrac{1}{1-|z|^2}$ 就是著名的单位圆上 Poincaré 度量的密度.

设 $0<\alpha<+\infty$, 下述空间

$$B_\alpha=\left\{f\in H(\Delta):\sup_{z\in\Delta}\left(1-|z|^2\right)^\alpha|f'(z)|<+\infty\right\}$$

称为 α-Bloch 空间, 在范数

$$\|f\|_{B_\alpha}=|f(0)|+\sup_{z\in\Delta}\left(1-|z|^2\right)^\alpha|f'(z)|$$

之下, B_α 成为 Banach 空间. 下述空间

$$B_{\alpha,0}=\left\{f\in H(\Delta):\lim_{|z|\to1}\left(1-|z|^2\right)^\alpha|f'(z)|=0\right\}$$

称为小 α-Bloch 空间. 显然, $B_{\alpha,0}\subset B_\alpha.B_{\alpha,0}$ 作为 B_α 的闭子空间也是 Banach 空间.

定理 9.1 Bloch 空间 B 为 Möbius 不变空间.

证明 事实上, $|f'(z)|\left(1-|z|^2\right)$ 为单位圆 Δ 上的共形不变量. 下面加以证明:

$$1-\left|\frac{z-z_0}{1-\bar{z}_0z}\right|^2=\frac{\left(1-|z|^2\right)\left(1-|z_0|^2\right)}{|1-\bar{z}_0z|^2}=\left(1-|z|^2\right)|\tau'(z)|,$$

其中, $\tau(z)=\dfrac{z-z_0}{1-\bar{z}_0z}\in Aut(\Delta)$, $Aut(\Delta)$ 是按照单位圆内共形自映射的复合构成的共形自同构群. 若 $w=\tau(z)$, $g(w)=g(\tau(z))=f(z)$, 则

$$|f'(z)|\left(1-|z|^2\right)=|g'(w)||\tau'(z)|\left(1-|z|^2\right)=|g'(w)|\left(1-|w|^2\right).$$

所以, 对于任意的 $\phi \in Aut(\Delta)$, 任意的 $f \in B$, 有 $\|f \circ \phi\|_\beta = \|f\|_\beta$, 从而也有 $f \circ \phi \in B$. 证毕.

由此易证小 Bloch 空间 B_0 也是 **Möbius 不变空间**.

利用 Bloch 型空间中函数的范数对函数的模进行估计, 有下面精密的不等式. 这些不等式在研究相关的函数空间及其算子时是常常需要的.

定理 9.2 设 $0 < \alpha < +\infty$, $f \in B_\alpha$, 则对于 $z \in \Delta$, 有

(1) $|f(z)| \leqslant \dfrac{2-\alpha}{1-\alpha}\|f\|_{B_\alpha}$, $0 < \alpha < 1$.

(2) $|f(z)| \leqslant \dfrac{1}{\log 2}\|f\|_B \log \dfrac{2}{1-|z|^2}$, $\alpha = 1$.

(3) $|f(z)| \leqslant \left(1 + \dfrac{1}{(\alpha-1)2^{\alpha-1}}\right)\dfrac{1}{\left(1-|z|^2\right)^{\alpha-1}}\|f\|_{B_\alpha}$, $1 < \alpha < +\infty$.

证明 利用 α-Bloch 空间中范数的定义, 具体略. 证毕.

定理 9.3 空间 $B_{\alpha,0}$ 为多项式集合在空间 B_α 范数意义下的闭包.

证明 略.

定理 9.4 设 $0 < \alpha < +\infty$, $f \in H(\Delta)$, 任意确定的正整数 $n \geqslant 2$, 则

(1)$f \in B_\alpha$ 当且仅当 $\sup\limits_{z\in\Delta}\left(1-|z|^2\right)^{\alpha+n-1}\left|f^{(n)}(z)\right| < +\infty$.

(2)$f \in B_{\alpha,0}$ 当且仅当 $\lim\limits_{|z|\to 1}\left(1-|z|^2\right)^{\alpha+n-1}\left|f^{(n)}(z)\right| = 0$.

定理 9.4 的证明需要的预备知识较多, 不宜在此处阐述. 但是结论应用方便.

定理 9.5 设 $f \in B$, 则对于任意的 $w \in \Delta$, 有

$$\sup_{\|f\|_B \leqslant 1}\left(1-|w|^2\right)|f'(w)| = 1.$$

证明 对于满足 $\|f\|_B \leqslant 1$ 的函数 $f \in B$, 当然有

$$\left(1-|w|^2\right)|f'(w)| \leqslant 1, \quad w \in \Delta.$$

因此, 只要证明上确界是可达的. 即需要取辅助函数 $f \in H(\Delta)$, 使得

$$|f'(z)| \leqslant \frac{1}{1-|z|^2}, z \in \Delta, f(0) = 0,$$

且对于给定的 $w \in \Delta$, 有

$$\left(1-|w|^2\right)|f'(w)| = 1.$$

(1) 若 $w = 0$, 则取 $f(z) = z \in B_0$, 从而 $f'(z) \equiv 1$, $\|f\|_B = 1$, 且满足

$$\left(1-|w|^2\right)|f'(w)| = 1.$$

(2) 若 $w \neq 0$, $w \in \Delta$, 则取 $\theta \in [0, 2\pi]$, 使得 $we^{i\theta} = |w|$. 再取函数

$$f(z) = \frac{1}{2} \log \frac{1 + ze^{i\theta}}{1 - ze^{i\theta}},$$

经计算, $\|f\|_B \leqslant 1$,

$$f'(z) = \frac{e^{i\theta}}{1 - (ze^{i\theta})^2},$$

$$|f'(w)| = \left| \frac{e^{i\theta}}{1 - (we^{i\theta})^2} \right| = \frac{1}{1 - |w|^2},$$

$$\left(1 - |w|^2\right) |f'(w)| = 1.$$

证毕.

现在来分析 Bloch 函数 $f \in B$ 的增长速度. 现有导函数的估计:

$$|f'(z)| \leqslant \frac{\|f\|_\beta}{1 - |z|^2}, \quad z \in \Delta.$$

将上式应用于下面积分:

$$f(z) - f(0) = \int_0^z f'(\zeta)\, d\zeta, \quad z \in \Delta.$$

令 $\zeta = zt$, 则对于 $z \in \Delta$, 有

$$\begin{aligned} |f(z) - f(0)| &= \left| z \int_0^1 f'(zt)\, dt \right| \\ &\leqslant |z| \int_0^1 |f'(zt)|\, dt \\ &\leqslant \|f\|_\beta \int_0^1 \frac{|z|\, dt}{1 - |z|^2 t^2} \\ &= \frac{1}{2} \|f\|_\beta \log \frac{1 + |z|}{1 - |z|}, \end{aligned}$$

不等式

$$|f(z) - f(0)| \leqslant \frac{1}{2} \|f\|_\beta \log \frac{1 + |z|}{1 - |z|}$$

表明一个 Bloch 函数最快的增长速度是 $\log \dfrac{1}{1 - |z|}$. 直接计算可知 $f(z) = \log \dfrac{1}{1 - z} \in B$, 在径向路径上 $f(z)$ 增长速度达到了 $\log \dfrac{1}{1 - |z|}$.

对于 $z, w \in \Delta$, $\rho(z, w) = \left| \dfrac{z - w}{1 - z\bar{w}} \right|$ 称为单位圆 Δ 上的**伪双曲度量**, 它是单位圆上 Möbius 不变量, 即对于任意的 $\phi \in Aut(\Delta)$, 任意的 $z, w \in \Delta$, 都有 $\rho(\phi(z), \phi(w)) = \rho(z, w)$. 从而单位圆 Δ 上的 **Bergman 度量**

$$\beta(z, w) = \frac{1}{2} \log \frac{1 + \rho(z, w)}{1 - \rho(z, w)}$$

也是单位圆 Δ 上 **Möbius 不变量或者共形不变量**.

定理 9.6　设 $f \in B$, 则

$$\|f\|_\beta = \sup\left\{\frac{|f(z) - f(w)|}{\beta(z,w)} : z, w \in \Delta, z \neq w\right\}.$$

证明　设 $f \in B$, $a \in \Delta$, 则

$$|f(a) - f(0)| \leqslant \frac{1}{2}\|f\|_\beta \log\frac{1+|a|}{1-|a|},$$

把上式中的 f 换为 $f \circ \varphi_z$, a 换为 φ_z, 其中 $\varphi_z(w) = \dfrac{z-w}{1-\bar{z}w}$, 并注意到 $\varphi_z = \varphi_z^{-1}$, $\|f \circ \varphi_z\|_\beta = \|f\|_\beta$, $\rho(z,w) = |\varphi_z(w)|$, 得到

$$|f(w) - f(z)| \leqslant \|f\|_\beta \beta(z,w), \quad z, w \in \Delta.$$

所以,

$$\sup\left\{\frac{|f(z) - f(w)|}{\beta(z,w)} : z, w \in \Delta, z \neq w\right\} \leqslant \|f\|_\beta.$$

另一方面, 若

$$M := \sup\left\{\frac{|f(z) - f(w)|}{\beta(z,w)} : z, w \in \Delta, z \neq w\right\} < +\infty,$$

则

$$\varlimsup_{w \to z} \frac{|f(z) - f(w)|}{\beta(z,w)} \leqslant M, \quad \forall z \in \Delta.$$

经计算,

$$\begin{aligned}\lim_{w \to z} \frac{|f(z) - f(w)|}{\beta(z,w)} &= \lim_{w \to z} \frac{|f(w) - f(z)|}{|w-z|}\frac{|w-z|}{\beta(z,w)} \\ &= |f'(z)|\left(1 - |z|^2\right),\end{aligned}$$

所以对于任意的 $z \in \Delta$,

$$|f'(z)|\left(1 - |z|^2\right) \leqslant M,$$

从而,

$$\|f\|_\beta \leqslant \sup\left\{\frac{|f(z) - f(w)|}{\beta(z,w)} : z, w \in \Delta, z \neq w\right\}.$$

证毕.

9.2 Dirichlet 空间

定义 9.5 复数域上的线性空间

$$D=\left\{f\in H(\Delta):\ \iint\limits_{\Delta}|f'(z)|^2dA(z)<+\infty\right\}$$

称为单位圆 Δ 上的 Dirichlet 空间 D, 其中,

$$dA(z)=dA(x+iy)=\frac{1}{\pi}dxdy$$

为单位圆上的正规化面积测度. 在范数 $|||\cdot|||_D$ 之下, D 成为 Banach 空间. 其中, $\|f\|_{D*}$ 为 $f\in D$ 的半范数,

$$|||f|||_D^2=|f(0)|^2+\|f\|_{D*}^2,$$
$$\|f\|_{D*}^2=\iint\limits_{\Delta}|f'(z)|^2dA(z).$$

函数 $f,g\in D$ 的内积可以定义为

$$(f,g)_D=\iint\limits_{\Delta}f'(z)\overline{g'(z)}dA(z)+f(0)\overline{g(0)},$$

因而, Dirichlet 空间 D 成为 Hilbert 空间.

设 $f(z)=\sum\limits_{n=0}^{+\infty}a_nz^n$, 则 $\|f\|_{D*}^2=\sum\limits_{n=1}^{+\infty}n|a_n|^2$, 由此可知, $D\subset H^2$, H^2 空间为 Hardy 空间, 其基本理论可见 Peter L.Duren 所著 *Theory of H^p spaces*. 所以, Dirichlet 空间 D 中的函数 $f(z)\in D$ 在单位圆 Δ 的边界 $\partial\Delta=S=\{|z|=1\}$ 上几乎处处具有非切向极限. 在此基础之上, Dirichlet 空间 D 中的函数 $f(z)$ 具有第二个范数 $\|f\|_D$, 其中,

$$\|f\|_D^2=\|f\|_{D*}^2+\frac{1}{2\pi}\int_0^{2\pi}\left|f\left(e^{i\theta}\right)\right|^2d\theta,$$

函数 $f,g\in D$ 具有第二个内积 $\langle f,g\rangle_D$, 其中,

$$\langle f,g\rangle_D=\iint\limits_{\Delta}f'(z)\overline{g'(z)}dA(z)+\frac{1}{2\pi}\int_0^{2\pi}f\left(e^{i\theta}\right)\overline{g\left(e^{i\theta}\right)}d\theta.$$

在第二个内积之下, Dirichlet 空间 D 仍然为 Hilbert 空间.

定理 9.7　Dirichlet 空间 D 为 Möbius 不变空间.

证明　对于任意的 $f \in D$, 半范数 $\|f\|_{D*}$ 为单位圆 Δ 上的共形不变量. 事实上, 对于任意的 $w = \phi(z) \in \mathrm{Aut}(\Delta)$, 有 $dA(w) = |\phi'(z)|^2 dA(z)$,

$$
\begin{aligned}
\|f\|_{D*}^2 &= \iint\limits_{w \in \Delta} |f'(w)|^2 dA(w) \\
&= \iint\limits_{z \in \Delta} |f'(w)|^2 |\phi'(z)|^2 dA(z) \\
&= \iint\limits_{z \in \Delta} \left|(f \circ \phi)'(z)\right|^2 dA(z) \\
&= \|f \circ \phi\|_{D*}^2 \quad .
\end{aligned}
$$

从而, $f \circ \phi \in D$. 证毕.

从定理 9.7 的证明可以看出函数 $f \in D$ 的半范数 $\|f\|_{D*}$ 的一个几何意义,

$$
\|f\|_{D*}^2 = \iint\limits_{z \in \Delta} |f'(z)|^2 dA(z) = \iint\limits_{z \in \Delta} dA(f(z)) = A(f(\Delta)),
$$

其中, $A(f(\Delta))$ 表示单位圆 Δ 在映射 f 之下的像区域 $f(\Delta)$ 的面积, 计覆盖的重数.

例 9.1　设有限 Blaschke 乘积:

$$
f(z) = \prod_{k=1}^{n} \frac{z_k - z}{1 - \bar{z}_k z}, 0 < |z_k| < 1, (k = 1, 2, \cdots, n),
$$

则 f 表示从 Δ 到 Δ 的解析自映射, $f(\Delta)$ 将 Δ 覆盖了 n 次.

$$
\|f\|_{D*}^2 = \iint\limits_{z \in \Delta} |f'(z)|^2 dA(z) = A(f(\Delta)) = n\pi < +\infty,
$$

所以, $f \in D$.

例 9.2　设无限 Blaschke 乘积:

$$
g(z) = \prod_{n=1}^{+\infty} \frac{z_n - z}{1 - \bar{z}_n z}, 0 < |z_n| < 1, (n = 1, 2, \cdots), \text{且}
$$

$\sum\limits_{n=1}^{+\infty} (1 - |z_n|) < +\infty$.则$g$表示从$\Delta$到$\Delta$的解析自映射, $g(\Delta)$将Δ覆盖了无限多次.

$$
\|g\|_{D*}^2 = \iint\limits_{z \in \Delta} |g'(z)|^2 dA(z) = A(f(\Delta)) = +\infty,
$$

说明了 Δ 上有界函数 $g \notin D$.

例 9.3 设边界多于一点的无界单连通区域 G 具有有限面积 $A(G)$, 即 $0 \leqslant A(G) < +\infty$, 映射 $h: \Delta \to G$ 为共形映射, 则

$$\|h\|_{D*}^2 = \iint\limits_{z\in\Delta} |h'(z)|^2 dA(z) = A(h(\Delta)) = A(G) < +\infty.$$

所以, 无界函数 $h \in D$.

定理 9.8 Dirichlet 空间 D 为具有再生核的 Hilbert 空间.

证明 对于任意固定的点 $w \in \Delta$, 对于任意函数 $f \in D$, 无论采用 Dirichlet 空间 D 中范数 $\|f\|_D$, 还是范数 $|||f|||_D$, 都可以证明映射 $T_w: f \to f(w)$ 为空间 D 上的有界线性泛函, 所以 D 为具有再生核的 Hilbert 空间. 证毕.

再生核的表达式可以通过 Dirichlet 空间 D 的正交基

$$E = \left\{1, z, z^2, z^3, \cdots\right\}$$

在两个范数下分别标准化后进行导出. 经计算:

Dirichlet 空间 D 对于范数 $\|f\|_D$, 内积 $\langle f, g\rangle_D$ 来说, 再生核为

$$K_z(w) = \frac{1}{\bar{z}w} \log \frac{1}{1-\bar{z}w},$$

可以验证: $f(z) = \langle f, K_z\rangle_D$ 对于任意的 $f \in D$, 任意的 $z \in \Delta$ 成立.

Dirichlet 空间 D 对于范数 $|||f|||_D$, 内积 $(f, g)_D$ 来说, 再生核为

$$\hat{K}_z(w) = 1 + \log \frac{1}{1-\bar{z}w},$$

可以验证: $f(z) = \left(f, \hat{K}_z\right)_D$ 对于任意的 $f \in D$, 任意的 $z \in \Delta$ 成立.

习 题 9

1. 证明: $\|f\| = |f(0)| + \sup\limits_{z\in\Delta} \left(1-|z|^2\right) |f'(z)|$ 为 Bloch 空间的范数.
2. 证明: 单位圆上的 α-Bloch 空间作为赋范线性空间是完备的.
3. 证明: Bloch 空间中函数的范数对函数模的增长性估计定理, 即定理 9.2.
4. 设 (x, y) 为内积空间 H 中的有序向量 x, y 的内积, 证明:

   $\|x\| = \sqrt{(x,x)}$ 为内积空间 H 的范数, 从而 H 成为赋范线性空间.
5. 证明: $B_{\alpha,0} \subset B_\alpha$.
6. 证明: 小 Bloch 空间 B_0 是 Möbius 不变空间.
7. 证明: Hilbert 空间 H 的再生核 K 若存在, 则唯一.

8. 由区域 G 上的函数构成的 Hilbert 空间 H 具有再生核 $K(x,y)$ 的充分且必要条件是对于每个固定的 $y \in G$, 对于任意的 $f \in H$, 映射

$$T : f \to f(y)$$

为 H 上有界线性泛函. 试证明之.

9. 设单位圆 Δ 上的 Dirichlet 空间 D, 证明:$\|f\|_{D*}$ 为 $f \in D$ 的半范数, 其中, $\|f\|_{D*}^2 = \iint\limits_{\Delta} |f'(z)|^2 dA(z)$.

主要参考文献

邓冠铁. 2010. 复分析. 北京: 北京师范大学出版社.

戈鲁辛. 1956. 复变函数的几何理论. 陈建功译. 北京: 科学出版社.

李忠. 2004. 复分析导引. 北京: 北京大学出版社.

李忠. 2011. 复变函数. 北京: 高等教育出版社.

廖良文. 2014. 复分析基础. 北京: 科学出版社.

路见可, 钟寿国, 刘世强. 2006. 复变函数. 武汉: 武汉大学出版社.

余家荣. 2000. 复变函数. 北京: 高等教育出版社.

张南岳, 陈怀惠. 1995. 复变函数论选讲. 北京: 北京大学出版社.

庄圻泰, 张南岳. 1984. 复变函数. 北京: 北京大学出版社.

Ahlfors L V. 1987. 复分析. 张立, 张靖译. 上海：上海科技出版社.

Conway J B. 1978. Functions of one complex variable. New York: Springer-Verlag.

Conway J B. 1995. Functions of one complex variable II. New York: Springer-Verlag.

Titchmarsh. 1969. The theory of functions. London: Oxford Press.